Künstliche Holztrocknung

Ein Grundriß

von

Dr.-Ing. Dr. phil. **Fr. Moll**
Privat-Dozent

Mit 35 Textabbildungen

Berlin
Verlag von Julius Springer
1930

Alle Rechte, insbesondere das der
Übersetzung in fremde Sprachen, vorbehalten.
Copyright 1930 by Julius Springer in Berlin.

Softcover reprint of the hardcover 1st edition 1930

ISBN-13: 978-3-642-47244-2   e-ISBN-13: 978-3-642-47630-3
DOI: 10.1007/978-3-642-47630-3

Vorwort.

Die künstliche Holztrocknung bewegt seit einigen Jahren die Kreise der deutschen Holzindustrie aufs stärkste. Wird es ihr gelingen, die Wirtschaftlichkeit der Holzindustrie zu erhöhen? Diese Frage können wir nicht beantworten. Wohl aber hat es sich gezeigt, daß es schon heute möglich ist, die künstliche Holztrocknung wissenschaftlich zu erfassen und der Industrie eine klare Vorstellung von ihrem Wesen, ihren Möglichkeiten und den besten Ausführungsformen zu geben. Soll durch die künstliche Trocknung nicht nur die Entfernung vom Wasser aus dem Holze bewirkt werden, sondern auch ein Produkt entstehen, welches gegenüber dem Rohprodukt besser ist, so muß der Besitzer der Trockenanlage gewisse theoretische Vorstellungen von dem Wesen dieser für das Wohl des ihm anvertrauten Baustoffes so wichtigen Technik haben. In der technischen Literatur ist die Holztrocknung bisher ganz stiefmütterlich behandelt worden. Das Büchlein ist ein erster Versuch, diese bisher fehlenden Vorstellungen zu schaffen. Es ist entstanden aus eigenen Beobachtungen sowie aus den von vielen Stellen bereitwilligst zur Verfügung gestellten Unterlagen. Besonders wertvolle Mitteilungen werden den Firmen Siemens-Schuckert, Ruschewey AG. in Langenöls (Dr. Fischer) und Benno Schilde, Hersfeld (Ing. Wendeler), dem Forstlaboratorium in Madison (Direktor Hunt und Bateman) und Direktor Oxholm vom Handelsdepartement in Washington verdankt. Die Zeichnungen sind in sehr sorgsamer Weise von Herrn Dipl.-Ing. Ludwig ausgeführt worden. Wertvolle Anregungen und Unterstützung verdanke ich auch dem Wirtschaftsverband für die deutsche Holzindustrie (Dr. Baum), dem Ausschuß für wirtschaftliche Fertigung (Dipl.-Ing. Reimann und Franz Himmelsbach) sowie der Schriftleitung des Holzmarkt (Otto Fernbach und Sill). All den Herren sei hier gedankt. Mein Wunsch ist, daß das Büchlein den Zweck, für welchen es geschrieben ist, der deutschen Holzindustrie zu dienen, erfüllen möge, und daß jeder, der glaubt, etwas Besseres geben zu können, dieses tun möge, ohne Haß und Neid, so wie ich gearbeitet habe, allein mit dem Gesichtspunkt, unserer schwerringenden Industrie, unserem Volke damit zu dienen.

Berlin, 21. Oktober 1930. **Fr. Moll.**

Inhaltsverzeichnis.

	Seite
Einleitung: Begriff und Umfang der künstlichen Holztrocknung	1

I. Aufbau des Holzes. ... 3
    a) Die chemische Zusammensetzung des Holzes 3
    b) Eingelagerte Stoffe 3
    c) Der Saft des Holzes 4
    d) Kolloidzustand des Holzes 4
    e) Das Wasser als Bestandteil des Holzes 5
    f) Die Saftleitung im Holz 6
    g) Der anatomische Aufbau des Holzes 8

II. Die Beziehungen der Holzmasse zum Wasser. ... 10
    a) Der räumliche Aufenthalt des Wassers im Holz 10
    b) Abänderungen der einfachen Beziehungen zwischen Holzmasse und Wasser durch die Struktur des Holzes 10
    c) Änderungen in der Fähigkeit, zu quellen und schrumpfen. Altern und Reifen 11
    d) Warum muß das Wasser entfernt werden? 12

III. Wasseraufnahme und Wasserabgabe ... 13
    a) Änderungen im Quellungszustande der Holzmasse 13
    b) Das Verhältnis von Wasser und Holzmasse im Holz 14
    c) Der zeitliche Verlauf der Wasserentfernung 14
    d) Der Weg des Wassers bei der Trocknung 17
    e) Der Einfluß der Struktur auf die Gesetzmäßigkeiten bei der Entfernung des Wassers 22
    f) Die Größe der Kräfte 22

IV. Änderungen in der Qualität des Holzes durch Entfernung des Wassers. ... 23
    a) Schäden durch Temperatureinwirkung beim Trocknen 23
    b) Verschalen 23
    c) Äste 24
    d) Werfen und Reißen 24
    e) Verwendung von beschädigten Hölzern 24

V. Die Arbeit im Laboratorium ... 25

VI. Die natürliche Trocknung. ... 27
    a) Wege der natürlichen Trocknung 27
    b) Einfluß von Flößen, Auslaugen, Dämpfen usw. 27
    c) Verhalten der verschiedenen Holzarten und Sortimente beim Trocknen 28
    d) Der Zeitaufwand für natürliche Trocknung 31
    e) Vergleich der natürlichen mit der künstlichen Trocknung 32

Inhaltsverzeichnis. V

Seite

VII. **Künstliche Trocknung**. 32
   a) Geschichte 32
   b) Patente. 33
   c) Beschreibung einiger alter Verfahren 34
      1. Einlegen in heißen Sand. S. 34. — 2. Trocknen mit Elektrizität. S. 34. — 3. Chemische Verfahren. S. 34. — 4. Die Schmorkammer. S. 35. — 5. Trocknen im Vakuum. S. 36. — 6. Trocknung mit überhitztem Dampf. S. 37.

VIII. **Die künstliche Trocknung in der Kammer mit Luft als Trockenmittel**. 41
   a) Physikalische Grundgesetze 41
   b) Die Grundprinzipien Wärme, Luftfeuchtigkeit und Luftbewegung . 44
   c) Die wichtigsten Typen von Trockenanlagen 45
      A. Der Kanal 45
      B. Die Kammer 47
         1. Die Schmauchkammer. S. 48. — 2. Die Schmorkammer. S. 48. — 3. Die Trockenkammer mit Feuchtigkeitsregulierung. S. 49.
      C. Beispiele von Kammern 52
         1. Stirling (Sheffield). S. 52. — 2. Gebläsetrockner des U.S.A.-Forest-Service (Madison, Amerika). S. 52. — 3. Sturtevant, London. S. 53. — 4. Normtrocknung, System Heinrich Schultz (Rietschel und Henneberg). S. 54. — 5. Kammer mit natürlichem Zuge. S. 55. — 6. Kammer mit Wassereinspritzung (Tiemann Waterspray humidity regulated dry kiln. S. 55. — 7. Kammer mit Saugluft. S. 55. — 8. Kammer mit Kondensation. S. 56 — 9. Kammern nach Daqua und Kiefer. S. 56. — 10. Kammer mit Luftumwälzung (Sutcliff, Manchester u. Schilde, Hersfeld). S. 56.
      D. Trockenanlagen für Furniere 59

IX. **Bauteile** 60
   a) Baustoff 60
   b) Geleise und Wagen 62
   c) Türen 62
   d) Heizeinrichtungen 63
   e) Die natürliche Luftbewegung 64
   f) Künstliche Luftbewegung 65
   g) Einrichtungen zur Regelung der Feuchtigkeit 66
   h) Kontrollapparate 67

X. **Der Betrieb der Trockenkammer** 70
   a) Die Stapelung des Holzes 70
   b) Das Dämpfen 73
   c) Das Trocknen 74
      1. Temperatur und relative Feuchtigkeit. S. 74. — 2. Die Trockenkurve. S. 77. — 3. Einzelne Sondervorschriften. S. 80.
      Trockentabelle für Kiefer und Eiche 82
      Tabelle für verschiedene Hölzer, auf Kiefer bezogen 82
   d) Nachbehandlung des Holzes und besondere Behandlungsweisen . 83
   e) Anstriche und Bekleidungen des trockenen Holzes 84

	Seite
f) Fehler beim Trocknen und ihre Behebung	84
1. Ungleichmäßiges Schwinden. S. 84. — 2. Lose Äste. S. 85. — 3. Werfen und Verziehen. S. 85. — 4. Reißen an den Enden. S. 85. — 5. Verschalen. S. 86. — 6. Oberflächenrisse. S. 88. — 7. Innere Risse. S. 89. — 8. Zusammenfallen. S. 89. — 9. Mittelbare Schädigungen. S. 89. — 10. Schwinden, Quellen und Reißen. S. 90. — Tabelle über die Schwindung verschiedener Hölzer	90
g) Mindestluftbedarf zur Entfernung von Wasser aus Holz bei der künstlichen Trocknung	92
Tabellen über Wassergehalt von Frischluft und Abluft	92
h) Wärmewirtschaft	93
i) Allgemeine Betriebsregeln	96
XI. Die künstliche Trocknung in Industrie und Handel	97
Muster eines Trockenprotokolles (für AWF entworfen)	99
Sachverzeichnis	100

Einleitung.

Begriff und Umfang der künstlichen Trocknung.

Während sich die natürliche Trocknung des Holzes ausschließlich der frischen Luft bedient, die durch das entsprechend gestapelte Holz hindurchstreicht, wird die künstliche Trocknung in geschlossenen Räumen ausgeführt und ist durch planvolle Regelung der auf das Holz zur Einwirkung kommenden Kräfte gekennzeichnet. Die künstliche Trocknung ist daher von den jeweiligen Umweltfaktoren verhältnismäßig unabhängig. Das Holz kann ihr jederzeit unterworfen werden, und sie kann auch gegenüber der natürlichen Trocknung willkürlich beschleunigt werden. Die künstliche Trocknung hat daher im Laufe der letzten 50 Jahre einen großen Aufschwung erlebt. Sie wird in erster Linie für Tischlerware und ähnliche für Veredelungsarbeiten bestimmte Hölzer angewandt. Doch werden in Finnland, Schweden und Nordamerika auch gewisse Sorten Bauhölzer, z. B. Hobeldielen, in großer Menge künstlich getrocknet.

Die deutsche Erzeugung von Nutzholz wird gegenwärtig auf rund 26 Millionen m^3, die Einfuhr auf 13 Millionen m^3 geschätzt. Von diesen 39 Millionen m^3 kommen auf Bauholz etwa 23 Millionen, auf die Holzveredelungsgewerbe, die mit ziemlicher Annäherung auch als Tischlereibetriebe bezeichnet werden können, 5,5 Millionen. Für die künstliche Trocknung kommen also in Deutschland 5—10 Millionen m^3 Holz in Frage. Das sind auf die Gesamtholzerzeugung Deutschlands von 52 Millionen m^3 bezogen etwa 10%. Für Nordamerika wird die Gesamtholzerzeugung mit 680 Millionen m^3, die Menge des künstlich getrockneten Holzes mit 60 Millionen m^3 angegeben. Der Satz von 10%, der durch die künstliche Trocknung erfaßt wird, ist hier also schon erreicht.

Von unserem Nutzholz für Veredelungszwecke sind schätzungsweise dreiviertel Nadelholz und ein Viertel Laubholz. Nach einer in Nordamerika gemachten Aufstellung[1] werden die Verluste, welche auf Beschädigung während der natürlichen Trocknung zurückzuführen sind, auf 12% bei Laubholz und 5% bei Nadelholz geschätzt. Sie entstehen in der Hauptsache durch Lagerfäule und Verblauen. Wenn die künstliche Trocknung nicht an Stelle dieser Schäden andere mit ihr natürlich verknüpfte in gleichem Umfang setzt (z. B. Schalhartwerden, Reißen

---

[1] Teesdale, L. V.: The Kiln Drying of Longleaf Pine. Southern Lumberman, Nashville, December 17, 1927.

u. dgl.), so kann man mit ihrer Hilfe die Verluste mindestens stark einschränken. Unberührt hiervon bleiben andere wirtschaftliche Erwägungen, welche unter Umständen trotz gleicher oder sogar größerer Verluste doch die künstliche Trocknung vorteilhafter scheinen lassen. Diese Verhältnisse werden in späteren Abschnitten näher klargestellt werden.

I. Aufbau des Holzes.

a) Die chemische Zusammensetzung des Holzes.

Der Grundstoff des Holzes ist die Zellulose, die uns in verhältnismäßig reiner Form als Baumwolle bekannt ist. Diese ist chemisch zusammengesetzt aus Kohlenstoff, Wasserstoff und Sauerstoff in ganz ähnlichen Verhältnissen wie etwa bei Zucker und Stärke. Der verschiedene Zusammenbau der einzelnen chemischen Grundbausteine in diesen drei genannten Stoffen zeigt sich dadurch, daß sich der Zucker beim Einbringen in Wasser gänzlich auflöst, Stärke zu einer schleimigen Masse zerfließt, Zellulose dagegen nur unter Aufnahme einer bestimmten Wassermenge quillt und weicher wird.

Untersuchungen des Holzes mit Röntgenstrahlen, von Katz und Hess[1] haben uns darüber belehrt, daß die kleinsten Bausteine des Holzes Zellulosekristalle sind. Für das Mikroskop sind diese freilich schon zu klein. Doch zeigt das Röntgenbild, daß der Stoff, durch dessen Zutritt die Zellulose zum Holz wird, das Lignin, nicht chemisch mit ihr verbunden ist, sondern nur lose zwischen ihre Kristalle eingelagert ist. Ähnlich sind auch andere Bestandteile der Holzmasse, z. B. Harz, den einzelnen Kristallen gewissermaßen aufgeklebt. Die physikalischen Eigenschaften des Holzes sind in erster Linie von der Grundmasse, den Zellulosekristallen, bedingt, wie denn auch das Holz starke Übereinstimmung mit dem Verhalten reiner Zellulose zeigt.

Wenn Schnitte von Holz unter 1000—2000facher Vergrößerung betrachtet werden, so sieht es häufig aus, als wenn die Zellwand aus verschiedenen Schichten zusammengesetzt ist, etwa wie die Schale einer Zwiebel. Deshalb wurde früher vermutet, daß sich in der Grundmasse des Holzes Schichten mit verschiedenen chemischen und physikalischen Eigenschaften abwechselten. Das ist irrig. Die Zellwände sind vollständig gleichartig zusammengesetzt. Nur verschiedener Gehalt an Wasser wird durch die Zonen angezeigt.

b) Eingelagerte Stoffe.

In die Grundmasse, die Zellulose, ist in größerer Menge Lignin und Holzgummi eingelagert. Wenn Holz durch Pilze zersetzt wird, so geschieht das mitunter dadurch, daß diese Stoffe verzehrt werden. Alsdann bleibt eine weiße faserige Masse, Zellulose, zurück. Bei den meisten

---

[1] Katz, I. R.: Die Gesetze der Quellung. Kolloidchem. Beih. Ergh. 9 (1917). — Hägglund: Holzchemie. Leipzig 1928. — Hess: Die Chemie der Zellulose. 1928.

uns bekannten Fäulnisprozessen, wird umgekehrt zuerst die Zellulose aufgezehrt, und das Lignin bleibt dann als der bekannte braune Mulm zurück. Daneben enthalten die Hölzer je nach ihrer Art auch noch verschiedene andere Stoffe in wechselnden Mengen, die Nadelhölzer besonders Harz, Eiche und Kastanie Gerbsäure, andere Hölzer Öl, endlich noch Salze.

c) Der Saft des Holzes.

Der Saft ist aus Wasser mit Kohlenhydraten, wie Holzgummi, Stärke und Zucker zusammengesetzt. Aus ihnen bildet sich in den lebenden Zellen des Kambiums, des Bastes, neues Holz. Daher muß der Saft, für den das Grundgewebe des Holzes nur als Leitungskanal dient, zu ihnen hingeführt werden. Wenn das Holz trocknet, schlagen sich diese Stoffe auf den Zellwänden nieder. Doch ist ihre Menge zu gering, um die Eigenschaften des Holzes stärker zu beeinflussen, um so mehr als sie dem Holz selbst ziemlich ähnlich sind.

d) Kolloidzustand des Holzes.

Man bezeichnet manche Stoffe als Kolloide (wörtlich leimähnliche). Eines ihrer Kennzeichen ist das Verhalten zu Wasser.

1. Stoffe, wie Kochsalz und Zucker geben eine glatte Lösung. Ihre kleinsten Teilchen, die Moleküle, rücken völlig auseinander.

2. Andere Stoffe, wie Sand, bilden Aufschwemmungen, aus denen die einzelnen Teilchen bald zu Boden sinken.

3. Kolloide, wie Stärke, Leim usw., geben nur scheinbare Lösungen. Man kann zwar unter dem Mikroskop in ihnen nicht einzelne Teilchen erkennen, doch ein durchtretender Lichtstrahl zeigt milchige Trübung. Wir können feststellen, daß ihre Teilchen bedeutend kleiner als die feinsten auf der Mühle herstellbaren Pulver, aber bedeutend größer noch als die der glattlösbaren Stoffe sind. Sie stehen also zwischen den reinen Lösungen und den groben Aufschwemmungen. Sie kommen in zwei wesentlich verschiedenen Zuständen vor, in dem der „kolloiden" Lösung und dem der Ausflockung. Im Holz haben wir die kolloidale Lösung vertreten durch die Stärke im Saft, das ausgeflockte Kolloid durch die Zellulose. Diese quillt nur begrenzt. Dabei behalten die kleinsten Teilchen ihre Form und rücken nur weiter auseinander. Manche Stoffe können beliebig oft von dem einen in den anderen Zustand übergehen. Man kann Leim oder Gelatine beliebig oft in Wasser lösen und wieder gerinnen lassen. Man spricht dann von einem reversiblen Zustande. Bei andern Stoffen, wie bei Hühnereiweiß, dessen Gerinnung durch Kochen erfolgt ist, ist der Gelzustand „irreversibel", die Wiederauflösung nicht möglich. Das besagt aber nichts über die Möglichkeit Wasser aufzunehmen. Bei der Umwandlung ändert sich lediglich die Grenze bis zu der die einzelnen Teilchen auseinanderrücken können und

bis zu der Wasser zwischen ihnen eingelagert werden kann. Während z. B. zu totgemahlener Zellulose Wasser in beliebiger Menge zugegeben werden kann, kann sie in geronnenem Zustande, z. B. im Holz, nur noch etwa 30% Wasser aufnehmen. Diese Feststellung ist sehr wichtig, weil man in Veröffentlichungen über das Trocknen von Holz mehrfach der Behauptung begegnet, daß, wenn es gelänge, Holz in einen irreversiblen Zustand zu bringen, eine Wasseraufnahme überhaupt ausgeschlossen sei.

e) Das Wasser als Bestandteil des Holzes.

Lufttrockenes Holz enthält rund 15% Wasser. Dieses Wasser ist nicht in den Hohlräumen vorhanden, auch nicht unter dem Mikroskop sichtbar, sondern in der Masse des Holzes selbst verteilt. Es ist zwischen den einzelnen Zellulosekristallen gelagert. Schon vor etwa 100 Jahren hatte der Botaniker Nägeli die Behauptung aufgestellt, daß die Zellulose aus einzelnen deutlich unterschiedenen Bausteinen den „Mizellen" bestünde, zwischen die sich beim Quellen das Wasser einschiebe. Ihr Durchmesser ist etwa $^1/_{10}$ Millionstel cm. Man kann sich ausrechnen, welche ungeheure Zahl von einzelnen Bausteinen zum Aufbau auch nur eines cm³ Holz nötig ist und welche gewaltige Oberfläche die einzelnen Bausteine zusammen besitzen. Die „innere Oberfläche" eines cm³ Holz beträgt etwa 6000 m². Nun denke man einmal an die bekannten Herdanzünder, in welchen eine kleine Pille von Platinmoor das Gas zur Entzündung bringt. Die gewaltige Entwicklung der inneren Oberfläche dieses Platinmoors reißt das an ihm verbeistreichende Gas an sich, komprimiert es und bringt es zur Entzündung. Sie ruft ganz unvorstellbare Oberflächenenergien hervor. Ähnliches gilt auch vom Holz, wie von allen kolloidalen Stoffen, die aus kleinsten mit der Fähigkeit des Auseinanderweichens begabten Teilchen zusammengesetzt sind. Holz reißt Stoffe, zu denen es innere Verwandtschaft hat, aus der Umgebung an sich und kondensiert sie auf diesen inneren Oberflächen. Ein solcher Stoff ist vor allem der Wasserdampf.

Die Aufnahme steht in ganz bestimmtem Verhältnis zur Größe der inneren Oberfläche, der Art des Holzes und physikalischen Verhältnissen, wie Temperatur, Luftdruck, relativer Feuchtigkeit der Luft. Dieses Wasser bildet mit dem Holze ein sogenanntes kolloidales System. Man darf es nicht mit dem „freien" Wasser verwechseln, welches beim lebenden Stamm aus den Wurzeln hochgeleitet wird oder sonstwie durch auftreffenden Regen oder durch mechanische Leitung beim Einlagern von Holz in Wasser in die Hohlräume im Holz eingeführt wird. Die Menge des kolloidal gebundenen Wassers nähert sich stets einem zwar für die verschiedenen Umweltfaktoren (Temperatur, relative Luftfeuchtigkeit usw.) verschiedenen, aber für gleiche Verhältnisse stets gleichen Endzustand, einem Gleichgewichtszustand, der für diese Verhältnisse charakteristisch ist. Die Aufnahme von kolloidal gebundenem Wasser geht solange fort, bis die Oberflächenkräfte abgesättigt sind. Wenn sich zwischen alle Mizelle eine gerade ein Molekül starke Wasserschicht schiebt, und wenn man weiter zugrunde legt, daß die Holzmasse ein spezifisches Gewicht von 1,58 hat, und auf ihr absolutes Trockengewicht bezogen, rund 26% Wasser aufzunehmen vermag, so kann man von hier aus die Größe der Mizellen berechnen. 1 cm³ Holzmasse von 1,58 g Gewicht kann 0,41 g Wasser aufnehmen. Der Durchmesser eines Wassermoleküls (kleinsten chemisch feststellbaren Teilchens) ist etwa 2,6:100 Millionen cm. 0,41 g Wasser bedecken also, wenn sie ein Molekül dick liegen, eine Fläche von rund 1580 qm. Das gibt wiederum für die Mizelle, wenn sie als lange Zellulosenadeln angesehen werden, einen Durchmesser von etwa 1,25:10 Million cm, kommt also dem früher genannten Wert nahe.

Wenn wir nun sehen, daß eine Wasseraufnahme von 26% zu einer gerade ein Molekül starken Wasserschicht zwischen den Zellulosekristallen führt, wenn wir weiter beobachten, daß dieser Wert als Grenzwert für das gebundene Wasser nicht nur bei allen bisher geprüften Hölzern ziemlich gleich ist, sondern auch für Kunstseide, Baumwolle u. dgl. zutrifft, so können wir folgern, daß dieses Verhältnis von Wasser zu Holz auf einem Naturgesetz beruht und sich, wir mögen mit dem Holze machen was wir wollen, solange wir nicht seine Masse grundsätzlich umwandeln, immer wieder einstellen wird, wenn wir das Holz der Einwirkung der Verhältnisse der Natur überlassen. Im lebenden Baum kann der Wassergehalt nie unter diesen Betrag sinken, wenn anders der Baum nicht krank ist (Nonnenholz!). Trockenes Holz ist niemals „lebend".

f) Die Saftleitung im Holz[1].

Die Holzmasse ist nun nicht im Holz vollständig gleichmäßig (homogen) verteilt, sondern die Kristalle (Mizelle) bauen zunächst botanische Elemente, die Zellen, auf. Ein Klümpchen Protoplasma, Lebensurstoff, umgibt sich zunächst mit einer Hülle, indem an seiner Oberfläche etwas Wasser verdunstet und die Masse „koaguliert", gerinnt. Die Hülle nimmt nach und nach noch andere Stoffe auf. Wenn sich aus dem Samenkorn auf Wegen, die hier für uns nebensächlich sind, der Baumstamm entwickelt hat, so finden sich solche „lebenden Zellen" nur noch in einer zwischen Rinde und Holz liegenden Schicht (dem Kambium). Nur die lebenden Zellen können sich fortpflanzen. Sie tuen es in einfachster Weise, indem sie sich in der Mitte teilen, so daß aus einer zwei Zellen werden. So setzt das Kambium des Baumes im Laufe des Jahres

---

[1] Für den ganzen Abschnitt ist zu vergleichen Gayer-Fabricius: Die Forstbenutzung. — Czapek, F.: Biochemie der Pflanzen. Bd 1. Zweite Auflage 1913.

eine ganze Reihe neuer Schichten von Zellen ab, die zusammen den Jahresring bilden. Die neuen Schichten haben kein Protoplasma, sind also eigentlich auch keine Zellen, sondern nur mehr Zellhüllen. Im Frühjahr und Sommer entstehen Zellen mit großen Hohlräumen und dünnen Wänden und im Herbst solche mit dicken Wänden. Die letzten dienen der Festigkeit des Stammes. Die ersten, wiewohl sie selbst nicht lebend sind, sich nicht vermehren können, haben doch im Lebensprozeß des Baumes eine sehr wichtige Aufgabe zu erfüllen. Sie leiten das Wasser mit den Inhaltsstoffen, die für alle Neubildungen, wie Blätter, Früchte, Jahresringe, erforderlich sind, zu den Umwandlungsstellen hin. Wenn der Baum seine Krone voll ausgebildet hat und, wie es in unseren dichtgeschlossenen Wäldern stets der Fall ist, die unteren Äste verliert, so ist der Bedarf der Krone an Wasser und damit auch die Zahl der nötigen Leitungsbahnen für die Zukunft gegeben.

Abb. 1. Laubholz vergrößert.

Da aber alljährlich neue weitere Schichten von Splintholz angesetzt werden, so werden in gleichem Maße Leitungsbahnen überflüssig. Deshalb scheidet der Baum im Innern eine entsprechende Zahl Leitungsbahnen durch Verkernung aus der Arbeit aus. Das Wort „Verkernung" bedeutet zunächst nur, daß diese Teile im Innern, wie der Kern in der Schale, liegen. Bei Nadelhölzern geschieht die Verkernung dadurch, daß von den lebenden Markstrahlen „Kernstoffe" gebildet werden, die die feinen Verbindungskanäle der Zellen untereinander füllen. Bei Laubhölzern entwickeln sich im Innern der Zellen gummiartige Häute, die die ganze Innenfläche überdecken und auf diese Weise den Verkehr zwischen benachbarten Zellen unterbinden. Je nach der Menge der ausgeschiedenen Stoffe wird das Kernholz natürlich auch schwerer, und wenn die Kernstoffe gefärbt sind, so nimmt es auch eine andere Farbe wie das Splintholz an. Die frei im Zellhohlraum des Splintholzes vorhandenen Wasseranteile wandern vor der Verkernung ab, und es bleibt dann im Kernholz nur noch das von der Zellwand gebundene Wasser zurück. Während das Splintholz bis zu 100 und mehr Prozent Wasser auf das vollständig wasserfreie Holz bezogen enthalten kann, beträgt im Kernholz der Wassergehalt 26—30%.

Das Frühholz des Splintes dient der Saftleitung. Wenn die Sonne scheint, und aus den Blättern das Wasser verdunstet, wird von unten durch diese Leitungsbahn Wasser gewissermaßen hochgezogen. Die Leitungsbahnen sind also immer voll Wasser, ähnlich wie die Wasserleitung im Hause. Auch im Winter ist der Splint voll Wasser, nur steigt infolge der geringeren Verdunstung wenig oder gar kein Wasser. In der Menge des Wassers ist dagegen zwischen Sommer und Winter so gut wie gar kein Unterschied vorhanden. Auch in der Wasserleitung wird ja die Wassermenge dadurch nicht geringer, daß der Hahn zugesperrt wird und das Wasser ruht.

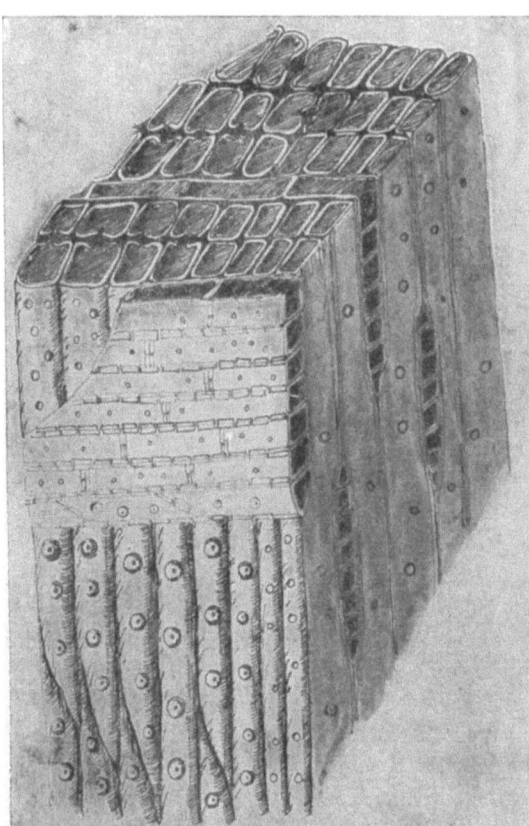

Abb. 2. Kiefernholz vergrößert[1].

g) Der anatomische Aufbau des Holzes.

Die Grundmasse des Holzes bilden Zellen, deren Gestalt man am besten mit einer winzigen hohlen Stricknadel vergleichen kann. Ihre Länge ist etwa 2 mm, der Durchmesser 0,02 mm. Diese Zellen sind im Querschnitt des Holzes in Reihen angeordnet und bilden durch den Unterschied zwischen Frühholz und Spätholz gekennzeichnet die Jahres-

[1] Nach Hartig, Die anatomischen Unterscheidungsmerkmale der wichtigsten deutschen Hölzer, 4. Aufl.

ringe. Am einfachsten sind die Nadelhölzer aufgebaut. Bei ihnen sind in die Grundmasse nur noch Markstrahlen und Harzgänge eingebettet. Die Markstrahlen gehen vom Kambium nach dem Herz zu. Sie sind bei den Nadelhölzern nur als ganz feine Striche zu erkennen. Die Harzgänge durchziehen das Holz in der Längsrichtung oft auf mehrere Meter Länge als feine meist mit Harz gefüllte Röhrchen. Im Laubholz sind dem Grundgewebe noch unzählige „Gefäße" untermengt. Diese sind vielfach dem bloßen Auge als „Poren" sichtbar und bilden lange Kanäle, ähnlich wie die Harzgänge. Die Markstrahlen des Laubholzes sind vielfach sehr breit und treten deutlich als Spiegel hervor. Da die Gefäße und die Markstrahlen des Laubholzes sehr kräftige Wände haben, so bilden sie eine Art Skelett, dessen Eigenschaften beim Schrumpfen oder Quellen sehr stark bemerkbar werden. Für die Vorgänge beim Trocknen des Holzes spielen die Abmessungen der Zellen auch insofern eine große Rolle, als vor allen Dingen von der Wandstärke der Zellen die Verteilung des Wassers abhängt. Während das Innere der Zellen, soweit diese zugänglich und nicht verkernt sind, sich vollständig mit Wasser füllen kann, kann die Holzwand, wie wir gesehen haben, nur etwa 26% aufnehmen. Vergleichen wir nun eine Spätholz- und eine Frühholzzelle und nehmen wir einmal an, daß jede 1 cm im Geviert messe, und daß wir je ein 1 cm langes Stück herausgeschnitten hätten; die eine habe eine Wandstärke von 3 mm, die andere eine solche von 1 mm. Der Hohlraum ist also bei der einen 0,16 cm³, bei der anderen 0,81 cm³, die Holzmasse entsprechend 0,84 und 0,19 cm³. Wenn die Zellwände 20%, d. h. 0,16 bzw.

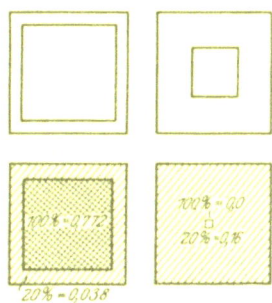

Abb. 3. Wasseraufnahme von Frühholz u. Spätholz. Querschnitt der Zelle in völlig wasserfreiem und in gesättigtem Zustande.

0,038 cm³ Wasser aufnehmen, so vergrößern sie ihren Inhalt auf 1 bzw. 0,228 cm³. Der Hohlraum vermindert sich entsprechend auf 0 bzw. 0,772 cm³. Die Gesamtaufnahme an Wasser beträgt also im ersten Falle 0,16 cm³, im zweiten Falle 0,038 + 0,772 = 0,810 cm³. Das lockere, leichte Frühholz nimmt, wie ohne weiteres verständlich ist, bedeutend mehr Wasser auf als das dichte, feste Spätholz, quillt aber sehr viel weniger, nur 3,8% gegenüber 16% des Spätholzes. Da auch die Entfernung des Wassers aus der Zellwand sehr viel schwieriger ist, wie die des frei in den Zellhohlräumen vorhandenen, so ist auch für den Trockenvorgang die Dichte der Holzmasse bzw. das Einheitsgewicht von ausschlaggebender Bedeutung. Diese hängt aber von verschiedenen Umständen ab,

1. von der Verkernung,
2. von dem Anteil des Spätholzes und Frühholzes,
3. von der Art des Holzes.

II. Die Beziehungen der Holzmasse zum Wasser.
a) Der räumliche Aufenthalt des Wassers im Holz.

Aus dem vorigen Abschnitt sollen die Beziehungen kurz wie folgt zusammengefaßt werden. Bis zu 26% Wasser werden je nach dem Feuchtigkeitsgehalt der umgebenden Luft in der Holzmasse selbst eingelagert. Was darüber hinausgeht, findet sich in den Zellhohlräumen frei und sichtbar. Die Holzmasse ist „kolloidal", quellbar. Sie hat die Fähigkeit, Wasser anzuziehen und zwischen ihren kleinsten Teilchen einzulagern, wobei diese gleichzeitig auseinanderrücken und die Masse an Umfang zunimmt. Das in die Zellhohlräume aufgenommene Wasser ändert die Wand nicht, ebensowenig wie etwa Wasser in einem Blecheimer. Die im Saft enthaltenen Stoffe, wie Stärke und Zucker usw., sind kolloidal löslich, während die Holzmasse sich in ausgeflocktem Zustande befindet und in Wasser nicht mehr löslich ist. Die Quellung des Holzes ist je nach der Art verschieden, jedoch genau begrenzt. Die Grenze liegt bei etwa 26%. Durch scharfes Erhitzen oder mehrfaches Wiederholen von Trocknung und Anfeuchtung kann der Zeitablauf von Schrumpfung und Quellung verlangsamt werden, wenn die Holzmasse jedoch hierbei nicht chemisch verändert wird, z. B. durch Erhitzen bis zur beginnenden Destillation oder Verkohlung, so ändert sich der Betrag der Quellung selbst so gut wie gar nicht. Keinesfalls ist es möglich, die Trocknung des Holzes, d. h. die völlige Entfernung des Wassers „irreversibel" zu machen. Die Quellung entspricht fast genau dem Volumen des aufgenommenen Wassers. Bei ganzen Holzstücken ist sie gelegentlich größer. Man denke sich etwa eine viereckige Schachtel aus Gelatine, die ausgetrocknet und zusammengeschrumpft ist. Wenn die Wände sich mit Wasser füllen, so richten sie sich gerade, und nicht nur die Wände, sondern auch der Hohlraum wird größer. Dadurch kann die Schachtel als Ganzes auch mehr Wasser aufnehmen. So ist es auch zum Teil mit den Zellen des Holzes. Zum Unterschied von der Quellung der Zellwände könnte man diese Zunahme des Umfanges des ganzen Stückes als unechte Quellung bezeichnen.

b) Abänderungen der einfachen Beziehungen zwischen Holzmasse und Wasser durch die Struktur des Holzes.

Vollständig homogene, d. h durch ihre Masse gleichartige Stoffe, wie Seife, Leimtafeln oder Zelluloidplatten, ändern ihre Abmessungen in allen Richtungen in gleichem Maße. Dagegen zeigt die Quellung und Schrumpfung von Stoffen, deren kleinste Teilchen gerichtet, d. h. nach bestimmten Richtungen angeordnet sind, je nach der Richtung verschiedene Werte. Holz, dessen Fasern überwiegend in der Längsrichtung des Stammes entwickelt sind, quillt in dieser so gut wie gar nicht. Ein gleiches gilt auch z. B. von Kunstseidefäden. Daß zusammengesetzte Gebilde, wie etwa der Zwirnfaden, sich auch in der Längsrichtung dehnen, widerspricht diesem nicht; denn hier liegen die einzelnen Fasern im Faden in einer Schraubenlinie und deren Querrichtung mehr oder minder in der Längsrichtung des Fadens.

In den Jahresringen wechseln Schichten von Zellen mit dicken und dünnen Wänden ab. Die Frühholzzellen quellen wenig, nehmen aber viel freies Wasser auf. Bei den Spätholzzellen ist es umgekehrt. Die Länge der Grundzelle ist etwa fünfzigmal größer wie ihr Durchmesser. Vermutlich sind auch die Zellulosekristalle nadelförmig. Nehmen wir an, daß sich zwischen je zwei solcher Kristalle eine ein Molekül starke Wasserschicht schiebt, so daß der Inhalt des ganzen Gebildes um 26% größer wird. Dann nimmt die Dicke um etwa 12,4% zu. Wenn das Kristall fünfzigmal länger als breit ist, so nimmt die Länge dagegen nur 0,25% zu. Tatsächlich beträgt die Quellung eines grösseren Holzstückes in der Längsrichtung nur etwa 1—3 auf 1000.

Wenn der Faserzug durch senkrecht zu ihm stehende Elemente unterbrochen wird, so werden also Wirkungen ausgelöst, die

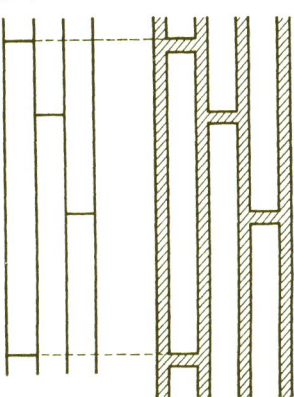

Abb. 4. Holzkristalle (schematisch) trocken und mit einer Lage Wasser-Moleküle zwischen sich.

der Schrumpfung und Quellung entgegenarbeiten. So stören die radialen Spiegel der Eiche das Schrumpfen in dieser Richtung. Wirrer Faserverlauf, wie z. B. bei Pockholz, Kropfmaser und Bruyère, bewirkt, daß die Quellung und Schrumpfung in allen Richtungen fast gleich ist. Das ist z. B. bei der Anfertigung von Musikinstrumenten, wie Flöten, aus gewissen fremden Hölzern zu beachten. Eine andere Folge des abweichenden Faserverlaufes ist es, daß beim Polieren von Rotbuchenholz die feinen strichartigen Spiegel stark hervortreten. Auch beim Befeuchten von Kiefernholz kann man beobachten, daß die Oberfläche wellig wird. Zwar ist der Betrag des Quellens für Spätholz und Frühholz gleich, aber das dichtere Spätholz folgt den Feuchtigkeitsänderungen langsamer und liegt je nachdem höher oder tiefer wie das Frühholz.

c) Änderungen in der Fähigkeit, zu quellen und schrumpfen. Altern und Reifen.

Es ist mehrfach behauptet worden, daß das Holz rein durch die Zeit seinen Zustand ändert, daß die Fähigkeit zu quellen und zu schrumpfen bzw. Wasser aufzunehmen oder abzugeben, im Laufe der Zeit geringer werde. Versuche des Verfassers mit Hölzern von Mumiensärgen, die nachweislich etwa 5000 Jahre alt sind, haben diese Anschauung nicht bestätigt. Scharfes Trocknen bei hohen Temperaturen wirkt nur scheinbar so. Es verändert die Substanz des Holzes durch Verkohlen und Erzeugung von Destillationsprodukten. Zu der falschen Auffassung hat wohl hauptsächlich die Beobachtung geführt, daß sehr weit getrocknetes Holz Feuchtigkeit nur langsam wieder aufnimmt und quillt. Wenn etwa der letzte Wasserrest aus einem Stück Holz ausgetrieben ist, so muß das Wasser sich erst zwischen den einzelnen Zellulosekristallen wieder seinen Weg bahnen. Getrocknetes Holz folgt daher dem Wechsel von Trockenheit und Feuchtigkeit der Luft zunächst nur langsam. Eine Vernichtung der Fähigkeit zu quellen, ist aber nicht möglich. Die Irreversibilität ist ein Schlagwort, das für Holz nicht zutrifft. Ähnliche Schlagworte sind „reifen" und „altern". Bei „reifen" denkt man wohl an einen Vorgang wie bei der Umwandlung von Splintholz in Kernholz. Wenn diese aber einmal stattgefunden hat, so gibt es beim Baum kein weiteres Reifen mehr. Wenn der Baum abgestorben ist, bildet er auch keine Kernstoffe mehr. Das, was wir durch besondere Prozesse, Erhitzen u. dgl. erzeugen, sind gewisse Teerstoffe, die wohl das Holz bräunen, aber niemals Splintholz in Kernholz umwandeln. Unter dem Einfluß des Lichtes dunkelt manches Holz, z. B. Kiefernholz, nach, anderes bleicht aus. Auch das ist kein Reifen.

Die Inhaltstoffe des Holzes werden gelegentlich für das Verkrusten verantwortlich gemacht. Auch dieses trifft nicht zu. Dazu ist ihre Menge zu gering. Die Verkrustung entsteht vielmehr dadurch, daß an einigen Stellen, zunächst an der Oberfläche, die Trocknung zu weit getrieben wird, so daß fast wasserfreies Holz entsteht. (Ausführlicher in Abschnitt X f 5.)

d) Warum muß das Wasser entfernt werden?

Das Wasser ist bei der Versendung des Holzes toter Ballast. Nach dem deutschen Tarif E kosten für eine Entfernung von 300 km 10000 kg 161 RM. Fracht. 25 m³ Kieferholz im grünen Zustande wiegen etwa 20 Tonnen und würden 322 RM. Fracht kosten. Im hinreichend trockenem Zustande ist das Gewicht nur 600 kg für den m³. Die 25 m³ können auf einen 15-Tonnenwagen verladen werden und kosten nunmehr 241,50 RM. Die Trocknung spart 80 RM. an Fracht. Bei der Verladung in grünem Zustande besteht starke Gefahr des Faulens bzw. Verblauens. Die kurze Überfahrt von Gefle in Schweden nach Kiel hat schon mehrfach genügt, eine ganze Schiffsladung so verblauen zu lassen, daß sie für ihren ursprünglichen Zweck, z. B. für Hobeldielen, nicht mehr brauchbar war. Der geschlossene Raum des Schiffes bildet im Verein mit der aus dem Holze entweichenden Feuchtigkeit und der hohen Temperatur ein Treibhaus, in welchem die holzzerstörenden Pilze ihre besten Lebensbedingungen finden. Der große Wert der Trocknung für Bauholz ist schon seit Jahrtausenden anerkannt. Natürlich schützt Trocknung das Holz gegen Fäule nur so lange, wie das Holz auch trocken bleibt. Trocknung ist also nicht der Imprägnierung gleichzusetzen. Da die holzzerstörenden Pilze bei 20—25% Wassergehalt ihre günstigsten Lebensbedingungen finden, so kommt lufttrockenes Holz, welches bis zu 18% Wasser enthält, dem gefährlichen Werte ziemlich nahe. Man muß also das Holz vom frischen grünen Zustand möglichst schnell über die gefährliche Zone herüber in den lufttrockenen Zustand bringen und später auch in diesem erhalten. Der späteren Erhaltung des Trockengrades dienen bautechnische Maßnahmen. Wichtig ist die Erkenntnis, daß Holz im feuchten Zustande einer Reihe von Gefahren ausgesetzt ist. Nadelholz verblaut, sein Wert für Tischlerarbeiten ist sehr stark vermindert. Auch Lagerfäule und Hausschwamm sind eine Folge zu hohen Feuchtigkeitsgehaltes. Nasses Holz kann nicht mit Farbe gestrichen werden. Die Farbe blättert ab, ganz davon zu schweigen, daß unter der Farbschicht die holzzerstörenden Pilze ihre besten Lebensbedingungen finden. Holz, welches naß verbaut wird, muß die ganzen Formänderungen, die es beim Trocknen erleidet, als Bauelement durchmachen. Dadurch entstehen Spannungen, die die Standsicherheit der Konstruktionen gefährden. Dielen wölben sich, Fenster und Türrahmen verziehen sich usw. Die Trocknung muß sorgfältig durchgeführt werden, denn der Feuchtigkeitsgehalt ist schon im natürlichen Zustande sehr verschieden; während Splintholz 70% Wasser und mehr enthält, bewegt sich der Wassergehalt im Kernholz um 26% herum. Im verarbeiteten Zustande muß aber der Feuchtigkeitsgehalt im ganzen Stück gleichmäßig sein. Unterschiede im Feuchtigkeitsgehalt bewirken Spannungen, Reißen, Werfen und Verziehen. In vielen Fällen spielt auch die Festigkeitsverminderung durch die Feuchtigkeit eine Rolle. Zwar kann man z. B. von Bauteilen, die im Wasser eingebaut sind, Rammpfählen und dergleichen, das Wasser nicht fernhalten. Man muß hier mit einem geringeren Festigkeitswerte rechnen, aber wohl läßt es sich vermeiden, z. B. Kisten aus grünem Holze anzufertigen.

III. Wasseraufnahme und Wasserabgabe.
a) Änderungen im Quellungszustande der Holzmasse.

Im lebenden Baum ist die Zellwand mit Wasser gesättigt. Dieses wird der Zelle gewissermaßen bei ihrer Geburt mitgegeben. Seine Menge bleibt so lange erhalten, wie die Zellen noch dem lebenden Organismus, dem stehenden Baum, angehören. Infolgedessen ist das Holz hier auch stets im größten Quellungszustande. Es hat das größte Volumen. Da die Quellung annähernd gleich dem Wassergehalt ist, so folgt, daß das Holz beim Trocknen diesem Wassergehalt entsprechend schwindet. Die Schwindung beträgt im Mittel aus zahlreichen Beobachtungen an allen möglichen Hölzern bis zum absolut trockenen Zustande 24%. Wenn wir zugrunde legen, daß die Schwindung in der Längsrichtung ganz vernachlässigt werden kann und weiter annehmen, daß sie tangential und radial gleich ist, so wird ein Holzstück linear etwa 11,4% schwinden bis zur absoluten Trocknung.

Die Holzinkrusten (Lignin u. dgl.) haben zum Teil etwas andere Quellungswerte wie die Zellulose, aber in der Verbindung mit dieser, wie sie im Holz vorliegt, ändern sie die Verhältnisse nur wenig. Wenn solche Stoffe durch Dämpfen oder Flößen aus dem Holze entfernt werden, so vergrößert das die „Mizellarzwischenräume", so daß die Quellung auch nach diesen Hohlräumen hin erfolgen kann. Aber aufs Ganze gesehen werden Schwindung und Quellung nur wenig verringert und verlangsamt. Keinesfalls kann man durch derartige Behandlungsweise zu einem nicht mehr quellenden und schrumpfenden Holz kommen.

b) Das Verhältnis von Wasser und Holzmasse im Holz.

Wenn man trockenes Holz in feuchte Luft bringt, so zieht es Wasser an, umgekehrt gibt feuchtes Holz an trockene Luft Wasser ab. In beiden Fällen geht aber der Prozeß nicht beliebig weit, sondern findet von selbst nach gewisser Zeit ein Ende. Mit der Waage können wir, wenn wir in gleichmäßigen Zwischenräumen wiegen, feststellen, daß der Wasserverlust bzw. die Wasseraufnahme sich zeitlich regelmäßig einem Endzustand nähert, und daß, wenn dieser eingetreten ist, das Gewicht des Holzes konstant bleibt. Die Menge des gebundenen Wassers ist in erster Linie von dem relativen Feuchtigkeitsgehalt der Luft abhängig. Jedem Feuchtigkeitsgehalt der Luft entspricht ein ganz genau gegebener Feuchtigkeitsgehalt der Holzprobe. Der untere Grenzwert ist, wie nicht weiter erklärt zu werden braucht, der Wert Null, welchen Holz in absolut wasserfreier Luft annimmt. Der obere Grenzwert stellt sich in gesättigter Luft ein. Die absolute Menge von Wasser in der Luft nimmt zwar mit der Temperatur immer mehr zu, aber für die Übertragung an Holz ist in erster Linie die relative Feuchtigkeit maßgebend. Die Holzfaser enthält auf absolut trockenes Holz bezogen bei voller Sättigung als Durchschnitt von zahlreichen Messungen rund 26% Wasser. Wenn man alle zugehörigen Werte in einem Diagrammblatt einträgt, dessen eine Achse nach relativen Feuchtigkeitsgraden der Luft, dessen andere nach Wassergehalten des Holzes eingeteilt ist, so erhält man eine S-Kurve. Diese stellt das „Teilungsgesetz" dar, die Gesetzmäßigkeit nach der sich das Wasser zwischen Holz und Luft verteilt. Wenn die beiden

Stoffe, zwischen denen sich der dritte Stoff verteilt, annähernd gleichartig sind, so ist die Teilungskurve eine gerade Linie, d. h. es herrscht im ganzen Bereiche ein gleiches Verhältnis. Da dieses hier nicht der Fall ist, so können wir schließen, daß sowohl bei ganz geringem wie bei maximalem Feuchtigkeitsgehalt noch irgendwelche anderen Kräfte auf die Verteilung des Wassers zwischen den beiden Stoffen Luft und Holz einwirken. Die Kurve gibt uns ja auch nur den tatsächlichen Zustand wieder, den wir messend verfolgen können, ohne über die Kräfte, die die Verteilung bewirken, etwas auszusagen. Im übrigen ist es hier der gleiche Vorgang, den wir bei sogenannten hygroskopischen, d. i. wasseranziehenden Salzen beobachten. Z. B. saugt in Zimmerluft mit rund 60% relativer Feuchtigkeit Chlorzink soviel Wasser an, daß eine 60%ige Lösung entsteht. Die Physik lehrt uns, daß in einem solchen Gleichgewicht der Druck des Dampfes auf beiden Seiten gleich sein muß, also ist z. B. bei 100° C der Dampfdruck in einem mit Dampf gesättigten Raum eine Atmosphäre und genau gleichgroß ist der Druck, den 26% Wasser, die an Holz gebunden sind, in diesem Raum ausüben. Wir können also auch hieraus erkennen, mit welcher Kraft das Holz Wasser anzieht. Wir können mit Hilfe der Physik sogar ausrechnen, welche Kraft in Gestalt von Wärme nötig ist, um das Holz bis auf einen bestimmten Wassergehalt hinunter zu trocknen. Das Verhältnis von relativer Feuchtigkeit der Luft zum Wassergehalt des festen Stoffes ist z. B. für reine Zellulose folgendes[1]:

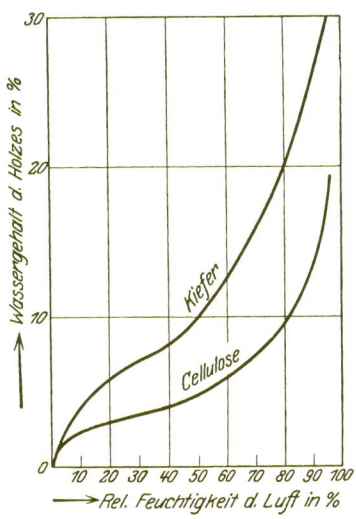

Abb. 5. Verhältnis der relativen Feuchtigkeit der Luft zum Wassergehalt des Holzes bei 30° C.

H = rel. Dampfspannung d. Luft 0 0,020 0,048 0,208 0,420 0,620 0,793 0,857 0,915 0,965

i = Wassergehalt 0 0,008 0,019 0,031 0,041 0,067 0,093 0,112 0,139 0,192

Für Holz gibt die Kurve ein entsprechendes Beispiel[2].

c) Der zeitliche Verlauf der Wasserentfernung.

Die Feuchtigkeitsbewegung im Holz folgt denselben Gesetzen wie andere Leitungsvorgänge, z. B. die Wärmeleitung. Die Beziehung zwischen der Menge des verdampfenden Wassers und der Zeit, d. h.

---

[1] Katz, I. R.: Die Gesetze der Quellung. Kolloidchem. Beih. Ergh. 9 (1917).
[2] Tiemann, H. D.: The Kiln Drying of Lumber. 1920.

die Trockengeschwindigkeit, ist ein „Exponentialgesetz". Der Übergang des Wassers aus dem Holz in die Luft geht derart vor sich, daß in gleichen Zeiträumen gleiche Prozentsätze des im feuchteren Teil vorhandenen Wassers nach dem trockneren herüberwandern. Es sei der Feuchtigkeitsgehalt des Holzes 100 und es seien in der ersten Stunde 10 Teile verdunstet, dann werden in der zweiten Stunde 10 von 90, das ist 9, in der dritten 10% von 81, das ist 8,1 usw. herüberwandern. Wenn man zwei gleichgroße und vollständig gleichartige Holzscheiben aufeinanderlegt, von denen die eine feucht, die andere trocken ist, so wandert das Wasser von der feuchten zur trockenen Scheibe genau dem Gesetz entsprechend. Beim Übergang der Feuchtigkeit aus Holz in Luft ist, da hier die beiden Stoffe, zwischen denen die Feuchtigkeitswanderung stattfindet, sehr verschieden sind, das Exponentialgesetz etwas verwickelter. Auch die Unterschiede in der Struktur des Holzes und die Veränderlichkeit der äußeren Bedingungen beim Trocknen wirken auf die Gesetzmäßigkeit ein. Aber keineswegs ist der Trockenvorgang etwas Willkürliches. Die Kurve a^1 zeigt einen Trockenvorgang, bei welchem von Anfang bis Ende bei einer Temperatur von 50° C die gleiche relative Feuchtigkeit von 35% in der Kammer aufrechterhalten wurde. Es wurden 2-Zoll-Fichtenbretter mit 51% Wassergehalt während 500 Stunden getrocknet. Das Gleichgewicht für das Wasser im Holz ist 8% bei 35%.

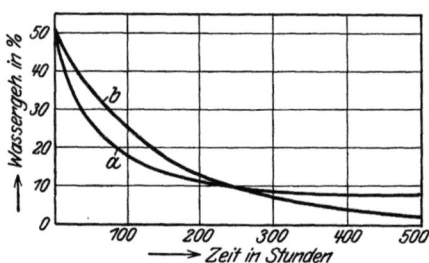

Abb. 6. Verlauf der Wasserabgabe von Holz.
a) bei gleichbleibender relativer Feuchtigkeit der Luft von 35%.
b) bei proportional sinkender Feuchtigkeit der Luft

Dieses Gleichgewicht ist unabhängig von der Masse des Holzes. Es war z. B. bei Fichtenholz mit einem absoluten Trockengewicht von 0,41, 0,61 und 0,69 völlig gleich. Wir sehen, daß sich die Trockenkurve sehr langsam dem Endzustand von 8% nähert. Sie ist mathematisch fast genau eine Hyperbel. Die darübergezeichnete Kurve b zeigt einen Trockenvorgang, bei welchem die relative Feuchtigkeit der Luft in der Kammer stets um einen geringen Prozentsatz unter der mit dem Wasser im Holz im Gleichgewicht stehenden gehalten wurde. Die Trockengeschwindigkeit ist demnach zu Anfang geringer als wie bei der Kurve a, wird nachher dagegen schneller. Der Wassergehalt des Holzes nähert sich hierbei selbstverständlich dem Werte 0. Bei diesem Trockenvorgang berühren sich Theorie und Praxis insofern,

[1] Tuttle, F.: A mathemathical Theory of the Drying of Wood. J. Franklin Inst **1925**, 609.

als man es durch Wahl der Luftfeuchtigkeit in der Hand hat, der Gefahr des Reißens und Verschalens zu begegnen und trotzdem die größte für das Holz geeignete Trockengeschwindigkeit zu erreichen. Diese Kurve verläuft zu Anfang flacher als die Kurve a. Sie ist eine reine Exponentialkurve. Praktische Werte, vor allem für die zulässige relative Feuchtigkeit und für die Zeit, während welcher Holz bestimmten Graden derselben ausgesetzt werden soll oder mit anderen Worten Arbeitsvorschriften für die Leitung des Trockenprozesses werden in einem späteren Abschnitt hierauf aufbauend gegeben. Abb. 7 stellt den Verlauf einer Trocknung von 2 Zoll starken Fichtenbrettern dar, die zu Anfang der Trocknung 32% Wasser enthielten und auf 5% herunter getrocknet werden sollten. Die Temperatur in der Kammer war 56°, die relative Feuchtigkeit der Luft 30%. Auch hier wurde die relative Feuchtigkeit während der ganzen Versuchsdauer auf gleicher Höhe gehalten[1]. Es wurden dann in regelmäßigen Zeiträumen Ab-

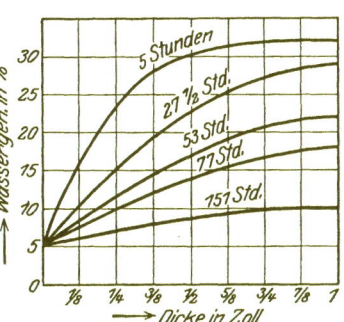

Abb. 7. Verteilung des Wassergehaltes im Holz während der Trocknung auf die verschiedenen Schichten des Holzes.

schnitte aus verschiedener Tiefe von der Oberfläche des Holzes aus herausgenommen und ihr Feuchtigkeitsgehalt ermittelt. Es sollte festgestellt werden, in welcher Weise sich beim Trocknen der Feuchtigkeitsgehalt in verschiedenem Abstand von der Oberfläche aus ändert. Wir sehen z. B., daß nach Verlauf einer Trocknung von fünf Stunden der Wassergehalt des Holzes sich genau in der Mitte (1 Zoll Tiefe) auf 31% in $1/2$ Zoll Tiefe auf 30,5%, in $1/4$ Zoll Tiefe auf 24% und an der Oberfläche schon auf den niedrigsten Wert von 5% vermindert hat und weiter, daß nach 151 Stunden im Innern (1 Zoll Tiefe) noch immer 10% Feuchtigkeit gegenüber 5% an der Oberfläche vorhanden sind. Diese Kurve zeigt uns also, daß der Trocknungsvorgang weder von außen nach innen, noch von innen nach außen geht, sondern daß der Wassergehalt nach bestimmten Gesetzen auf dem ganzen Querschnitt gleichzeitig abgebaut wird.

d) Der Weg des Wassers bei der Trocknung.

Die Wege, auf denen Wasser das Holz verläßt, sind im allgemeinen die gleichen, auf denen es in das Holz hineinkommt. Das lebende Holz erhält natürlich sein Wasser durch die Lebenstätigkeit der Zellen. Der Gehalt an gebundenem Wasser ist in ihm der größte. Er kann sich also nach dem Einschlag nur vermindern, wenn das Holz austrocknen kann.

---

[1] Tuttle, F.: A mathematical Theory.

Kommt dagegen geschlagenes Holz mit Wasser in Berührung, so dringt dieses zunächst rein durch Leitung ein, ähnlich wie im lebenden Stamm von den Wurzeln aus der Saftstrom in den Zellhohlräumen vorwärtsgeht. Dieses freie Wasser kann man umgekehrt rein mechanisch, z. B. durch Kompression wieder aus dem Holze heraustreiben. Bateman konnte auf solche Weise den Wassergehalt von grünem Holz auf etwa 50% erniedrigen. In der Technik streben wir aber mindestens den sogenannten lufttrocknen Zustand von rund 15% an, der einer mittleren relativen Feuchtigkeit der Luft von 80% entspricht. Auf diesen Prozentsatz können wir durch kein mechanisches Verfahren herunterkommen. Schwieriger ist die Bewegung des gebundenen Wassers zu erklären. Eine Bewegung muß es sein. Wenn man einen Faden von Kunstseide in eine Farblösung hineinhängt, so dringt nicht nur Wasser in ihn ein, sondern auch Farbstoff. Es gelingt uns dagegen nicht, etwa mit Hilfe einer Druckpumpe Flüssigkeit durch eine Membrane von Holzstoff hindurchzudrücken. Bringen wir jedoch auf der einen Seite der Membrane Wasser auf und bedecken die andere Seite mit einem polierten Stück kalten Metalls, so finden wir auf der Oberfläche des Metalles sehr bald Taubildung. Das Wasser ist durch die Holzmasse hindurchgedrungen. Wir bezeichnen diesen Vorgang, der jenseits der mikroskopischen Sichtbarkeit liegt, als Diffusion.

Die kleinsten Teilchen des Wassers werden durch Oberflächenkräfte von ungeheurer Stärke von der Holzmasse angezogen und in ihr weitergeleitet, bis eine dem Teilungsgesetz entsprechende gleichmäßige räumliche Verteilung zwischen dem Wasser in der feuchten Luft und dem im Holze erreicht ist. Da das Holz als Ganzes aber in seinen Zellen Hohlräume enthält, die in trockenem Zustande mit Luft angefüllt sind, die ebenfalls trocken ist, so muß sich das Wasser auch auf diese Luft verteilen. Betrachten wir eine isolierte Zelle in einem mit Wasserdampf gesättigten Raum und nehmen wir an, ihre Wand habe sich ebenfalls mit Wasser gesättigt, d. h. etwa 26% aufgenommen. Der innere Raum der Zelle ist dann gegenüber der Wand nicht mehr im Gleichgewicht, denn dem Wassergehalt von 26% der Zellwand entsprechend muß, wenn die Temperatur und der Druck im Innern der Zelle gleich dem außen sind, auch hier die Luft 100% Feuchtigkeit haben. Die Zellwand wird also nach ihnen solange Wasser abgeben, bis das Gleichgewicht hergestellt ist. Nehmen wir an, daß der Feuchtigkeitsgehalt der Luft im Innern dadurch auf etwa 90% steigt und der diesem entsprechende Gehalt der Zellwand sich mit 20% einstellt, dann ist aber wiederum

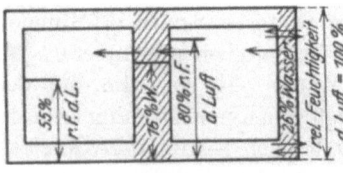

Abb. 8. Wanderung der Feuchtigkeit im Holz nach Stellen geringeren Dampfdrucks.

die Zellwand mit der außen umgebenden Luft nicht mehr im Gleichgewicht. Es muß wieder von außen in die Zellwand Feuchtigkeit einwandern, und das Spiel wird solange weitergehen, bis zwischen allen drei Elementen, der Luft außen, der Luft in der Zelle und der Zellwand das dem Teilungsgesetz entsprechende Gleichgewicht eingetreten ist. Nehmen wir nun statt der einen Zelle ein Stück Holz, so haben wir eine unendliche Reihe von Holzstoffschichten und zwischenliegenden Luftschichten. Die Holzschichten sind jedoch durch die Seitenwände aus gleicher Masse überbrückt. Wir werden also von außen nach innen einmal einen ununterbrochenen Diffusionsstrom von Wasser in den Zellwänden selbst haben. Der Hauptsache nach wird er sich aber quer durch die Zellwand bewegen, tritt dann in den Zellhohlraum ein, von diesem wieder in die gegenüberliegende Zellwand, solange diese nicht im Gleichgewichtszustande ist, und so fort. Da das Wandern durch den Luftraum schneller geht als wie durch die Masse, so ist verständlich, daß die Fortbewegung der Feuchtigkeit in der Längsrichtung des Holzes, in welcher die Zellhohlräume eine hundertmal so große Ausdehnung als in der Querrichtung haben, auch entsprechend schneller vor sich geht. Es sei angenommen, daß unsere Zellen ein Verhältnis der Länge zum Durchmesser von 50:1 haben. Sie mögen etwa 250 mm lang und 5 mm breit sein und die Wandstärke möge hiervon 1 mm betragen. Auf einem Wege von 250 mm hat ein Wasserteilchen in der Längsrichtung 249 mm Luft und 1 mm Holz, in der Quere 200 mm Luft und 50 mm Holz zu durchschreiten. Wenn nun die Fortleitungsgeschwindigkeit in der

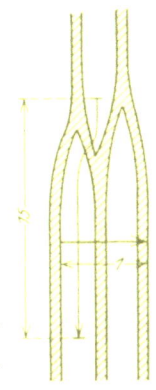

Abb. 9. Vergleich der Geschwindigkeit der Diffusion längs und quer im Holz.

Luft hundertmal größer als im Holze ist, so bekommen wir als Zeit für die Fortbewegung um 250 mm längs $\frac{249}{100} + \frac{1}{1} = 3{,}5$ und quer $\frac{200}{100} + \frac{50}{1}$ $= 52$, d. i. $1:15$. Nach Beobachtungen ist tatsächlich die „Transfusionsgeschwindigkeit" längs etwa zehn- bis zwanzigmal größer als quer und radial größer als tangential.

Das Wandern der Feuchtigkeit wird solange stattfinden, bis diese zu einer Stelle gelangt, wo kein Gefälle mehr vorhanden ist, wo Zellwand und Luft im Hohlraum im Gleichgewicht sind. Kein Tröpfchen wird bei dieser Wanderung sichtbar. Was sich bewegt, ist in seine kleinsten Teilchen gespalten, die noch ungefähr $1/_{1000}$ unter der mikroskopischen Sichtbarkeit liegen. So lange nicht etwa durch Sinken der Temperatur Wasser kondensiert und in Tropfen ausgeschieden wird, hat man nur ein Wandern durch Diffusion. Wenn zu dem gebundenen Wasser und dem Wasser im Gaszustande in den Zellhohlräumen noch freies Wasser hinzukommt, so wird der Bewegungsvorgang nur etwas verwickelter.

Geringe Mengen des tropfbar flüssig in den Zellhohlräumen ausgeschiedenen Wassers werden durch kleine Druckunterschiede natürlich stets auch durch die Tüpfelporen weitergepreßt. Die Hauptmenge geht durch Diffusion weiter, vor allem im Kernholz, wo die Tüpfelporen meist verschlossen sind. Wegen der Kernstoffe in der Holzmasse ist hier die Diffusionsgeschwindigkeit geringer als im Splintholz.

Wenn der Widerstand, den das Wasser bei der Fortleitung im Holze findet, dem Druck, unter welchem es steht, gleich wird, so kommt die Fortbewegung zum Stillstand. Kühlt sich das Holz ab, so verringert sich das Volumen der Luft in den Zellhohlräumen. Es entsteht ein Unterdruck, und es muß wieder eine Weiterbewegung der Flüssigkeit eintreten. Eine mechanische Fortleitung gestattet das Kernholz aber nicht, dafür tritt jetzt Diffusion ein. Sind im Innern Holzfaser und Luftraum nicht mit Flüssigkeit gesättigt, so besteht zwischen dem mit Wasser gefüllten äußeren Raum und diesem Teil kein Gleichgewicht. Nach den Gesetzmäßigkeiten, die wir für die Fortleitung des gebundenen Wassers kennengelernt haben, muß jetzt auch das freie Wasser in die Zellwände einwandern und dann als gebundenes Wasser solange nach innen weitergehen, bis der Gleichgewichtszustand durch die ganze Masse des Holzes hergestellt ist. Im Kernholz ist, soweit nicht zufällig irgendwelche Gefäße oder Harzgänge offen geblieben sind, ein Weiterwandern des Wassers überhaupt nur auf diesem Wege möglich.

Die Wege, auf welchen das Wasser das Holz verläßt, sind den eben für den Eintritt gezeigten genau gleich. Wenn wir von mechanischen Hilfsmitteln zum Herausziehen und -drücken des Wassers, wie Komprimieren, Vakuum usw. absehen, so haben wir außen um das Holz herum stets ein saugendes Medium, nämlich nicht mit Wasserdampf gesättigte Luft (der sogenannte überhitzte, besser gesagt luftfreie Dampf ist nur ein Sonderfall hiervon). Setzen wir etwa eine Glasglocke über ein Gefäß mit Wasser, so verdunstet eine ganz bestimmte, von der Temperatur abhängige Menge und geht als Dampf in den Luftraum. Diese Menge ist völlig unabhängig von der Anwesenheit der Luft im Raum. Auch aus einem nassen Stück Holz, das sich im Raum befindet, wird so Wasser ausgezogen. Durch das Verdunsten des Wassers an der Oberfläche des Holzes entsteht dort ein Unterdruck. Es muß also weiter Wasser aus dem Innern des Holzes nach der Oberfläche gehen. Bei stärkerem Erwärmen kann sogar freies Wasser im Innern des Holzes verdampfen und dort Überdruck erzeugen, der freies Wasser aus den äußeren Schichten mechanisch nach der Oberfläche drückt. Wenn es dort ankommt, verdampft es genau wie Wasser von einer freien Wasseroberfläche. Der größere Teil des freien und des gebundenen Wassers gelangt aber durch molekulare Weiterleitung nach außen. Der Vorgang ist genau entsprechend dem beim Eindringen des Wassers, nur umgekehrt. Die Bewegung wird durch Naturkräfte erzeugt. Die Feuchtigkeitsbewegung im Holze erfordert um so größere Kräfte, je trockener das Holz ist, und demgemäß auch die Verdampfung von Wasser aus Holz sehr viel mehr als etwa das Verdampfen einer gleichen Menge Wasser aus einem Gefäß. Das Wasser muß gewissermaßen erst aus dem Inneren des Holzes nach der Oberfläche gehoben und durch die Holzschichten hindurchgepreßt werden. Der Mehrbedarf an Wärme, um die Bindung des Wassers an Holz zu überwinden, beträgt für 1 kg Holz etwa 20 WE, auf 1 kg Wasser gerechnet etwa 80 WE, kann also vernachlässigt werden. Das Problem der künstlichen Trocknung liegt nur in der Überwindung der Kräfte, welche sich der Diffusion oder Transfusion entgegenstellen. Unter den äußeren Bedingungen, welche auf die Trocknung wirken, sind wichtig Temperatur, relative Feuchtigkeit und Luftdruck der Umgebung, unter den inneren die Abmessungen, Dichte, Struktur und Richtung der Faser. Das allgemeine Gesetz der Leitung, welches 1822 von Fourier in seiner berühmten analytischen Arbeit für Wärmeleitung ausgesprochen wurde, liegt auch der Feuchtigkeitsleitung in Holz zugrunde[1]. Ihre Geschwindigkeit ist direkt proportional dem Feuchtigkeitsgefälle; ihre Richtung geht von Stellen hoher zu solchen niederer Konzentration und ist rechtwinklig zu Flächen gleichen Feuchtigkeitsgehaltes. Wenn das Holz in allen Schichten gleich trocken, also kein Trockenheitsgefälle vorhanden wäre, so würde auch keine Feuchtigkeitsbewegung stattfinden. Immer ist die Fortleitung des freien Wassers mit der des gebundenen Wassers verknüpft. Die Grenze des

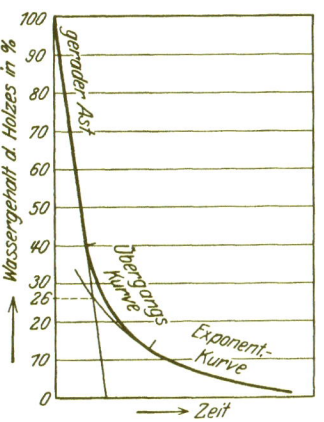

Abb. 10. Theoretischer und praktischer Verlauf der Trocknungskurve.

Fasersättigungspunktes tritt niemals in allen Schichten gleichmäßig ein. Wenn wir den Trocknungsvorgang in einem Diagramm aufzeichnen, erhalten wir also auch keine gerade Linie. Nur der erste Teil des Trocknungsvorganges eines größeren Stückes mit Wasser gesättigten Holzes, ergibt als Beziehung zwischen verdampfter Wassermenge und benötigter Kraft eine gerade Linie, die aber sehr viel flacher verläuft als die für die Verdampfung einer freien Wasserfläche. Unterhalb des Fasersättigungspunktes, wenn nur noch gebundenes Wasser aus dem Holze zu verdampfen ist, ist die Beziehung eine Exponential-

---

[1] Stillwell, S. T. C.: The Movement of moisture with reference to Timber Seasoning. London 1926. Forest Products Research, Technical Paper. — Martley, J. F.: Moisture Movement through wood: the steady state.

kurve. Beim Trocknen eines größeren Stückes Holz aber laufen die beiden Vorgänge längere Zeit neben- und durcheinander. Je stärker das Holz ist, desto mehr bildet sich zwischen der Geraden und der Exponentialkurve eine Übergangskurve. Man kann ohne größeren Fehler als nur einige Prozente die ganze Trocknung zwischen 100 und 0% als Exponentialkurve behandeln. Das Nähere hierzu ist schon S. 16 ausgeführt.

e) Der Einfluß der Struktur auf die Gesetzmäßigkeiten bei der Entfernung des Wassers.

Je gleichmäßiger das Holz, desto gleichmäßiger ist auch der Vorgang der Wasserleitung. In einem nur aus gleichen Grundelementen zusammengesetzten Stück Holz steht die molekulare Leitung des Wassers in den verschiedenen Richtungen in gewissem Verhältnis zu den Dimensionen der Zellen. Je zusammengesetzter das Holz durch Markstrahlen, Gefäße, Unterschiede in den Jahresringen und dergleichen in seinem Aufbau ist, desto mehr weicht der Vorgang der Trocknung von der einfachen Formel ab. Die Markstrahlen verlaufen senkrecht zum Grundgewebe und stellen radiale Wasserbahnen dar. Die Gefäße steigern dagegen die Wasserleitung in der Längsrichtung.

f) Die Größe der Kräfte.

Bei der Trocknung von Holz sind am Holz selbst vor allen vier Aufgaben zu lösen. 1. Die Lösung der Verbindung des Wassers mit der Holzmasse, d. h. die Überwindung der Oberflächenkräfte. 2. Die Erhöhung der Temperatur des Holzes mit der eingeschlossenen Luft und Feuchtigkeit. 3. Die Umwandlung des erwärmten Wassers in Dampf bzw. die Erhöhung der Dampfspannung. 4. Die Erzeugung des Feuchtigkeitsgefälles, damit das Wasser aus dem Innern des Holzes nach außen wandert. Hierzu kommt dann die Abführung des an die Oberfläche des Holzes gelangten Wassers. Wasser verdampft bei jeder Temperatur.

Die für die Verdampfung aufzuwendende Kraft wird in „Wärmeeinheiten" gemessen. Zwischen 0° und 100° ist sie ziemlich gleich. Bei 20° beträgt der Wärmeinhalt eines Kilogramm gesättigten Dampfes 612 WE, bei 100° 635 WE. Diese Wärmemenge muß einem kg Wasser zugeführt werden, um es aus einer freien Wasseroberfläche in Dampf zu verwandeln. Betrachten wir nun das gebundene Wasser. Während freies Wasser sich erst bei Sättigung aus der Luft abscheidet, nimmt die Holzfaser schon bei dem geringsten Vorhandensein von Wasser in der Luft solches auf. Sie bindet also das Wasser mit einer Kraft, die größer als die entsprechende Verdampfungskraft sein muß. Je weniger Wasser das Holz enthält, desto größer ist die Anziehungskraft. Wie genaue Messungen gezeigt haben, ist sie bei völlig trockenem Holze etwa fünfmal so groß als bei nassem Holze.

Es sei ein Stück Holz im Gewicht von 1 kg zu trocknen. Die Verdampfung von 1 kg Wasser erfordert rund 600 WE. Die spezifische Wärme nassen Holzes sei 0,65. Während des Trockenvorganges werde das Holz von 15 auf 45° erwärmt. Hierzu werden also $q_1 = 30 \cdot 0{,}65 = 19{,}5$ kcal verbraucht. Das Holz enthalte 25% gebundenes und 25% freies Wasser, habe also 0,66 kg Holzmasse, 0,166 kg freies und 0,166 kg gebundenes Wasser und solle auf 10% Wasser heruntergetrocknet werden. Bei 10% sei der Diffusionswiderstand viermal so groß als bei 25%. Es müssen also verdampft werden 0,166 kg freies Wasser und 0,1 kg gebundenes Wasser. Wir vernachlässigen die Diffusionskraft für das freie Wasser und erhalten so für q_2 $0{,}166 \cdot 600 = 100$ kcal $+ 0{,}100 \cdot 600 \cdot \frac{4}{1} = 120$ kcal $=$ zusammen 240 kcal. Die gesamte dem Holz zuzuführende Wärme, um dasselbe von 50% auf 10% Wassergehalt herunterzubringen, beträgt also 260 kcal, oder auf 1 kg zu verdunstendes Wasser umgerechnet rund 1000 kcal. Diese entsprechen annähernd 1,7 kg Dampf. Hierzu kommen dann noch der Betrag für Wärmeverluste, Anwärmung der Kammer, Apparate usw. Jedenfalls kann man in keinem Falle mit den Größen wie bei freier Verdampfung rechnen.

IV. Änderungen in der Qualität des Holzes durch Entfernung des Wassers.

Bei der Trocknung werden die Eigenschaften des Holzes zum Teil direkt durch Entfernung des Wassers, zum Teil mittelbar durch Wirkungen des Trockenverfahrens beeinflußt.

a) Schäden durch Temperatureinwirkung beim Trocknen.

Schon bei 125° beginnt Holz sich zu bräunen. Bei 150° beobachtete Moll im elektrischen Ofen schon nach wenigen Minuten Entwicklung brennbarer Gase, also Destillation des Holzes. Meist zeigt sich die Zersetzung in einer von der Höhe der Temperatur und der Länge der Einwirkung abhängigen Bräunung des Holzes. Doch kommen auch andere Farbänderungen vor. Da sie in unregelmäßigen Flecken erfolgen, so entwerten sie Tischlerholz.

b) Verschalen.

Bei zu scharfer Trocknung eilt an einzelnen Stellen die Entfernung des Wassers vor. Die Trocknung wird ungleichförmig, das Holz wirft sich. Die Abstellung dieses Schadens ist umständlich, denn die untertrockneten Stellen nehmen nur sehr langsam wieder Feuchtigkeit auf. Wird derartiges Holz in Möbeln, Modellen und dergleichen verarbeitet, so verziehen sie sich noch nach Monaten. Verschalte Stellen setzen dem Hobelmesser und Fräser größeren Widerstand entgegen, so daß das Holz schlecht zu verarbeiten ist. Verschalung tritt auch bei natürlicher Trocknung auf, und die gewaltigen Unterschiede im Widerstande gegen das Arbeitswerkzeug sind jedem Waldarbeiter bekannt, der etwa Telegraphenstangen oder Grubenholz zu schälen hat.

c) Äste.

Die Faserrichtung der Äste ist senkrecht zur Stammrichtung. Infolgedessen sind die Schwindungsverhältnisse bei ihnen umgekehrt wie z. B. in einem Brett. In der Längsrichtung des Brettes werden sie lose und in der Fläche bleiben sie zurück, so daß sie bei dickeren Brettern so weit vorstehen, daß sie vom Hobelmesser aus dem umgebenden Holze herausgerissen werden. Lose, mit einer Harzschicht umgebene Äste werden frei, wenn die Temperatur beim Trocknen über den Schmelzpunkt des Harzes hinaussteigt.

d) Werfen und Reißen.

Die Formänderungen, die man als Werfen, Verziehen, Reißen und dergleichen bezeichnet, werden in Abschnitt X f eingehender besprochen. Drehwüchsiges Holz sowie solches mit starkem Unterschiede in der Ausbildung der Jahresringe neigt besonders dazu. Die Fehler können aber auch durch mangelnde Sorgfalt in der Leitung des Trockenvorganges hervorgerufen werden. Nicht genügend trockene Ware trocknet später in verarbeitetem Zustande nach. Dabei entstehen Spannungen. Das Holz reißt und verzieht sich. Nur wo von vornherein stärkere Änderungen zu erwarten sind, begegnet man ihnen durch geeignete Maßnahmen, z. B. Aufbau von Platten aus Rahmen mit Füllung und dergleichen. Es wäre aber ein schwerer Fehler, diese Maßnahmen als Ersatz sorgfältiger Trocknung anzusehen.

e) Verwendung von beschädigten Hölzern.

Selbst bei sorgfältiger Arbeit sind Schäden nicht immer zu vermeiden. Soweit sie nur in Farbänderungen bestehen, kann man die Hölzer beizen oder mit Farbanstrich versehen. Schalhartes Holz und solches, das sich geworfen und gezogen hat, ist dagegen in der Möbeltischlerei nur noch für untergeordnete Zwecke, etwa zu Verpackungszwecken und dergleichen brauchbar.

V. Die Arbeit im Laboratorium.

Man muß unterscheiden zwischen Forschungsarbeit, die nur in großen, mit kostspieligen Instrumenten eingerichteten Laboratorien geleistet werden kann und der Arbeit, welche die Überwachung und Kontrolle des Betriebes unterstützen soll. Die Meßinstrumente der Trockenkammer muß natürlich der Trockenmeister ebenso wie etwa Manometer und Thermometer am Dampfkessel überwachen. Im „Laboratorium" wird man dagegen vor allem den Feuchtigkeitsgehalt des Holzes feststellen, um auf Grund dessen die Leitung des Trockenvorganges anzuordnen. Man nimmt eine Probe von etwa 100 g Holz, bestimmt deren Gewicht und Inhalt, trocknet sie und bestimmt hieraus den Wasserverlust. Zum Wiegen genügt eine gute Briefwaage. Für genauere Bestimmungen bis auf $1/10$ g nimmt man vorteilhaft eine einarmige Waage mit verschiebbarem Gewicht. Wenn die Stücken winkelrecht geschnitten sind, kann man den Inhalt durch Ausmessen bestimmen, im andern Falle taucht man sie nach der Wiegung in ein mit Wasser gefülltes Gefäß, welches genaue Ablesung des Volumens gestattet. Die Ablesung muß möglichst geschwinde erfolgen, da das Holz sofort Wasser aufsaugt. Danach wird die Holzprobe bis auf Gewichtskonstanz, d. h. bis kein Wasser mehr von ihr abgegeben wird, getrocknet. Dann wird wiederum Gewicht und Rauminhalt bestimmt. Hieraus ermittelt man den Verlust an Wasser. Dieser wird in Prozenten des Holzgewichtes ausgedrückt, und zwar bezogen auf vollständig wasserfreies Holz. Auf das grüne Holz bezogene Prozentzahlen sind wertlos, da dessen Werte völlig willkürlich sind. Für die Trocknung der Probe genügt es meist, das Holz auf die Zentralheizung oder den Ofen zu legen. Die Temperatur sollte mindestens 100°, höchstens 110° sein. Sehr bequem ist ein kleiner mit Gas geheizter Trockenschrank. Für genaues Arbeiten ist ein elektrischer Trockenofen mit Temperatureinstellung angebracht. Es gibt solche Apparate, bei welchen gleichzeitig das Holz im Apparat selbst gewogen wird. Natürlich ist solche laufende Beobachtung im Trockenschrank keine Überwachung der Trockenkammer. Bei den Ergebnissen des Trockenschrankes ist zu berücksichtigen, daß aus manchen Hölzern Harze und Öle verdunsten und dann zu hohe Angaben über den Wassergehalt erhalten werden. Für ganz genaue Bestimmungen gibt es verschiedene Methoden. Eine der besten besteht im Auskochen des Holzes unter Xylol[1]. Wenn zur Prüfung Sägespäne benutzt werden, so liefert dieses Verfahren bei Mengen von etwa 50 g Holz schon nach einer Stunde bis auf $1/2$% genaue Ergeb-

---
[1] Bateman, E.: Experiments on the Determination of Moisture in wood by Laboratory Methods. Proc. Amer. Wood Preservers Assoc. **1929**, 193.

nisse. Bei größeren Holzstücken ist diese Methode jedoch auch nicht genauer und schneller als das Trocknen im Ofen. Dolch[1] kocht das Holz in Alkohol aus und versetzt das auf diese Weise erhaltene Gemisch von Alkohol und Wasser mit Petroleum von genau bekannten Eigenschaften. Alle diese Verfahren haben einen Fehler, der um so größer wird, je feiner man das Holz aufteilt. Das ist der Verlust an Wasser infolge der von den Werkzeugen an das Holz abgegebenen Wärme. Bei stumpfen Werkzeugen kann dieser 20 und mehr Prozent erreichen, kann aber bei scharfen Werkzeugen vernachlässigt werden.

Manche Erfinder glauben mit Hilfe der Elektrizität in allerkürzester Frist und ohne Fehler die gewünschten Angaben erhalten zu können. Vollständig trockenes Holz setzt bekanntlich dem elektrischen Strom großen Widerstand entgegen. Dieser Widerstand ist um mehrere Millionen mal größer als der bei 30% Wassergehalt. Man bohrt also in das zu prüfende Holzstück ein Loch, senkt den thermometerartig geformten Stift des Meßapparates da hinein und liest nach einigen Minuten an einem Galvanometer das Meßergebnis ab. Die Skala des Galvanometers ist nach Feuchtigkeitsprozenten eingeteilt. Tatsächlich werden aber nicht diese, sondern elektrische Widerstände angezeigt, und diese werden in noch viel höherem Maße als durch den Wassergehalt durch im Holz enthaltene Salze geändert. Weiter ist auch der Feuchtigkeitsgehalt in verschiedenen Schichten und Teilen des Holzes nie gleichmäßig. Kleine Verschiedenheiten bewirken aber schon beträchtliche Änderungen des Meßergebnisses. Unter 5% und über 20% Feuchtigkeit werden die Angaben des Instrumentes vollständig willkürlich. Es kann also höchstens auf dem Lagerplatz für die schnelle Feststellung, ob ein Holzstapel den für irgend einen Gebrauchszweck günstigsten Trockenheitsgrad hat, einen gewissen Anhaltspunkt geben. Für die laufende Kontrolle des Trocknungsvorganges in der Kammer hat dieses Verfahren dagegen keinen Wert. Sehr zweckmäßig ist es, Probestücke in der Kammer laufend zu beobachten. Nach dem Verfahren des Verfassers nimmt man aus der Mitte eines für die Trocknung bestimmten Stückes einen Abschnitt von 5 cm Länge. Der Querschnitt ist der des Trockengutes. Die Hirnseiten und die kleinen Flächen werden durch besondere Klammern abgedeckt, das Ganze in eine Zeigerwaage gehängt, welche Ablesungen bis auf $1/_{10}$ g gestattet. Die Waage ist ähnlich wie die Meßinstrumente in der Kammer so aufgestellt, daß sie durch ein Schauglas beobachtet werden kann. Auch hier ist wichtig, daß der die Probe treffende Luftstrom dem Durchschnitt der Kammer entspricht. Gut ist es jedenfalls noch eine zweite Waage mitten in der Kammer eingebaut aufzustellen. Diese kann natürlich nur durch einen Mann nachgesehen

---

[1] Dolch: Laboratoriumsverfahren, den genauen Feuchtigkeitsgehalt festzustellen. Chem. Apparatur 1929, H. 13.

werden, der die Kammer selbst betritt. Da durch die Abdeckung die Wasserabgabe nur im gleichen Maße wie bei einem großen Stück erfolgen kann, so gestattet diese Art der Messung eine ziemliche Annäherung an die praktischen Verhältnisse in der Kammer.

VI. Die natürliche Trocknung.
a) Wege der natürlichen Trocknung.

Bei der natürlichen Trocknung wird dem Holz das Wasser durch die umgebende Luft entzogen. Die Hauptfaktoren sind die relative Feuchtigkeit der Luft, Wärme und Luftwechsel. Die relative Luftfeuchtigkeit beträgt in Deutschland im Jahresdurchschnitt 75%, im Sommer 60%, im Winter 85%. An Nebeltagen steigt sie bis auf 100%. Bei 100% nimmt das Holz bis 26%, bei 85% zwischen 15 und 20% Wasser auf. In der feuchten Jahreszeit kommt der Trockenvorgang viel früher zum Stillstand als im Sommer. Heruntertrocknen bis auf normale „Lufttrockenheit", d. i. 15% ist nur im Sommer möglich. Da ferner die absolute Menge an Feuchtigkeit, welche Luft aufzunehmen vermag, mit der Temperatur zunimmt, so sättigt sich die mit nassem Holz in Berührung kommende Luft im Sommer langsamer als im Winter. Der Trockenvorgang geht im Sommer schneller vor sich als im Winter. Die Geschwindigkeit der Trocknung wird aber auch von dem Wechsel der Luft beeinflußt. Daher trocknen in Holzstapeln die oberen, dem Wind frei ausgesetzten Schichten schneller als die unteren, zumal, wenn zwischen diesen und dem Erdboden nur geringer Abstand ist oder sonstwie der Durchzug des Windes erschwert ist. Je weiter das Holz aufgeteilt und je größer die der trocknenden Luft dargebotenen Oberflächen sind, desto schneller trocknet das Holz, z. B. Bretter schneller als Kant- oder Rundholz.

b) Einfluß von Flößen, Auslaugen, Dämpfen usw.

Zu scharfe Bestrahlung kann die Trocknung infolge Verschalen der Oberfläche verzögern. Zeigen sich Zeichen von Verschalung, so befeuchtet man sogar am besten das Holz. Selbst Eintauchen für acht Tage in Wasser verzögert die Erreichung des endgültigen Zustandes kaum, hat aber den Vorteil, daß die Trocknung nunmehr auf allen Seiten gleichmäßig beginnt. Daher ist solche Anfeuchtung besonders angebracht bei Holz, welches längere Zeit im Walde gelagert hat. Bei solchem ist die dem Boden zugekehrte Seite meist viel feuchter wie die obere. Mitunter wird die Anfeuchtung durch Dämpfen bewirkt. Dampf durchwärmt gleichzeitig das Holz ziemlich schnell und wenn dieses dann in heißem Zustande an die frische Luft kommt, so verdampft das Wasser schnell. Wenn das zu schnell geht, so treten aber gerade durch die Vorbehandlung Risse auf, daher läßt man das Holz besser in die Dämpfgrube abkühlen. Dämpfen bewirkt Farbänderungen, ist also z. B. für Eiche und Ahorn, bei denen möglichst helle Farbe gewünscht wird, zu vermeiden. Etwa im Holz vorhandene Larven und Eier von Insekten werden abgetötet. In England wird Dämpfen vor der natürlichen Trocknung für Walnuß allgemein vorgeschrieben. In Deutschland ist es bei Buchenholz zur Erzeugung dunkler mahagoniartiger Farbe für Möbelholz und besonders für Bretter zu Zigarrenkisten üblich. Es erfordert aber große Sorgfalt, wenn die Farbe nicht fleckig werden soll. Buche muß deshalb z. B. möglichst frisch nach dem Einschnitt gedämpft werden. Kondenswasser kann in Verbindung mit Eisen oder anderen Metallen der Dämpfanlage Stoffe bilden, die bei gewissen Hölzern, besonders Eichen Flecke hervorrufen. Man benutzt hierfür Kammern, Gruben oder Kästen aus Mauerwerk oder Holz. Da die Temperatur beim Dämpfen keinesfalls 100° übersteigen soll, so genügen diese auch hinsichtlich des Druckes vollständig.

c) Verhalten der verschiedenen Holzarten und Sortimente beim Trocknen.

Je dichter ein Holz, desto langsamer trocknet es im allgemeinen. Bei Hölzern von 16 × 26 cm Querschnitt dauert unter sonst gleichen Verhältnissen die Trocknung vom waldgrünen bis zum Gebrauchszustande bei Eisenbahnschwellen aus Kiefer 5 Monate, Pitchpine 8 Monate, Lärche 12 Monate, Buche und Birke 6 Monate, Kirsche 9 Monate, Esche 10 Monate, Weißeiche 15 Monate. Für zölliges Tischlerholz sind diese Werte mindestens zu verdoppeln bis verdreifachen. Buche ist ebenso schwer wie Eiche, ist zwar sehr viel durchlässiger, neigt aber stark zum Reißen. Daher wird bei uns der Trockenprozeß von Buche nach Möglichkeit verzögert, z. B. durch enge Stapelung oder dadurch, daß man das Rundholz in der Rinde beläßt. Bei anderen Hölzern, wie Birke, entfernt man die Rinde nur an einzelnen Stellen. Das Holz wird „gepletzt". Hin und wieder wird auch das Ringeln, die Entfernung eines Rindenstreifens am stehenden Stamm und das „Abtrocknenlassen" auf dem Stamm empfohlen. Die Erfahrungen mit den Nonnenfraßhölzern zeigen, daß selbst in nördlichen Gegenden das Holz dadurch in hohem Maße durch Fäulnis und Käferfraß gefährdet wird.

Je stärker ein gegebenes Holzstück ist, desto länger dauert es, bis die Trocknung bis ins Innere hinein fortgeschritten ist. Es ist also ein großer Unterschied, ob man Rundholz (Telegraphenstangen, Rammkienen, Grubenholz, Papierholz, Erlenrollen), Kantholz (Eisenbahnschwellen, Bauholz), Bretter oder Furniere trocknet. Grubenholz wird nur roh abgeborkt und in dichten Stapeln aufgesetzt. Die Trocknung geht, wenn nicht gar zu ungünstige Verhältnisse vorliegen und wenn die einzelnen Stapel hinreichend voneinander abstehen, so daß an den Stirnflächen genügend Luft durchstreichen kann, schnell genug vor sich, um Lagerfäule zu verhüten. Wo das Holz unordentlich auf den Haufen geworfen wird, sind allerdings große Verluste durch Stocken die Folge. Verblauen läßt sich bei dieser dichten Staplung nicht immer vermeiden. Deshalb werden andere Holzsorten, wie Papierholz und vor allen Dingen Holz, welches für die Säge bestimmt ist, etwas weiter gestapelt. Bauholz sollte auf der Säge regelmäßig in nicht zu hohen Haufen und auf Unterlagen gestapelt werden, denn sonst geht der Trockenvorgang in den unteren Schichten zu langsam vor sich und das Holz fault hier, besonders wenn die Stapel immer wieder von neuem aufgefüllt werden, so daß die unteren Lagen erst nach langer Zeit einmal zum Verbrauch kommen. Die Kosten sorgfältiger Stapelung machen sich stets durch Verminderung des Verlustes infolge von Fäulnis bezahlt. Man darf die Trocknung aber auch nicht übertreiben, sonst reißt das Holz. Man muß also einen Mittelweg wählen; das ist besonders im Sommer nötig. In älterer Zeit hat man allgemein den Einschlag von Holz im Sommer verworfen. Nachdem wir aber erkannt haben, daß das Faulen nur durch Pilze hervorgerufen wird, die wie andere Pflanzen gerade auch in der Sommerzeit ihr Hauptwachstum entwickeln, haben wir auch die Wege kennengelernt, dieser Gefahr zu begegnen. Vor allem muß das Holz von Plätzen entfernt werden, auf denen die Ansteckungsgefahr groß ist, d. h. es muß aus dem feuchten Walde heraus. Die Stapelplätze sollen mit Sand oder Schlacke bedeckt sein. Die Unterlagen sollen mindestens 50 cm hoch sein, damit auch unterhalb der Stapel die Luft gut durchstreichen kann. Als Stapelklötze kann man, wenn immer wieder dieselben Sortimente gestapelt werden, Betonklötze nehmen, im andern Falle Holz, welches in irgendwelcher Weise gegen Fäulnis imprägniert ist. In diesem Punkte wird am meisten gesündigt. Unterlagen und Zwischenlagen aus angestocktem Holz übertragen die Fäulnis auch auf das gesunde Holz. Je nach Holzart und Sortiment und Jahreszeit stapelt man enger oder weiter. Telegraphenstangen, bei denen das Reißen keine Wertverminderung bedeutet, stapelt man luftig. Auf die Unterlagen kommen für einen Stapel zunächst drei Stangen, auf diese dann quer dazu eine Lage dicht bei dicht. Die folgenden Lagen werden entweder im Kreuz aufgeschichtet oder gleichlaufend mit schwachen Zwischenlagen, so daß entweder Kreuzstapel oder Gammen entstehen. Bei längeren Hölzern vermeidet man den Kreuzstapel, da das Drehen der Hölzer Zeitverlust und Ausgaben verursacht. Getrocknetes Kantholz stapelt man dicht bei dicht und verhindert ein Durchdringen von Regen zwischen die Hölzer durch Überdeckung. Bei Eisenbahnschwellen nimmt man zwei

30 Die natürliche Trocknung.

Schwellen als Unterlagen und bringt die weiteren Lagen als Kreuzstapel oder in einer Richtung auf. Im Winter legt man die einzelnen Schwellen mit weiteren Abständen voneinander oder man trennt jede einzelne Lage durch zwei quergelegte Schwellen. Im Sommer macht man die Abstände enger. Buche und Eiche, welche stark zum Reißen neigen, müssen enger gestapelt werden als Kiefer. Bauholz wird in einer Rich-

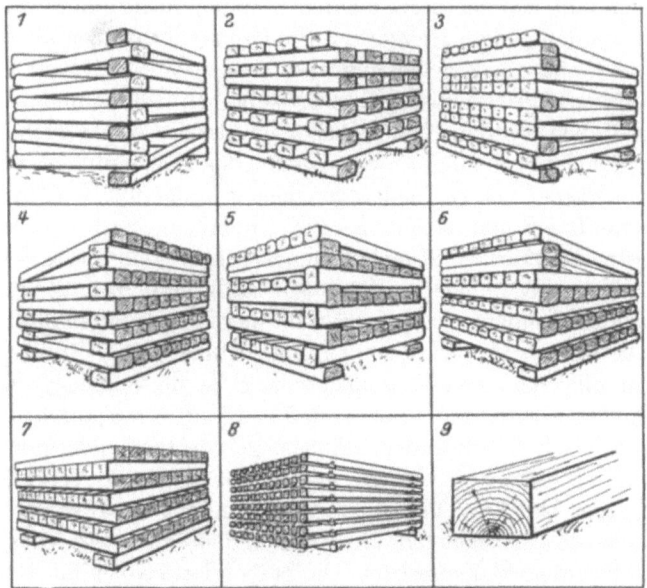

Abb. 11. Verschiedene Arten von Stapeln von Kantholz.

tung gelegt mit geringen seitlichen Zwischenräumen und Zwischenlagen von Latten von 2—3 cm Stärke. Bei Eisenbahnschwellen bildet man die oberste Lage als Dach aus, bei Bauholz gibt man ein Dach aus Schalbrettern über den Stapel. Dieses ist schwach geneigt, so daß Regenwasser abläuft. Sonst bleiben Pfützen stehen, und das Holz fängt an zu faulen. Für das wertvollste Sortiment, Schnittholz, hat man die verschiedensten Stapelungsarten. Oft läßt man das ganze Schnittergebnis eines Blockes zusammen und trennt nur die einzelnen Bretter durch Zwischenlagen. Besäumte Ware wird nach Dimensionen gestapelt. Kiefer und Fichte vertragen luftige Stapel, z. B. im Dreieck oder Viereck mit Freilassen des inneren Raumes. Das erfordert aber sehr viel Platz. Wo der nicht zur Verfügung steht, bildet man große geschlossene Stapel, in welchen die Bretter mit wenigen Zentimeter Abstand voneinanderliegen und in denen die einzelnen Schichten durch Zwischenlagen von 2—3 cm Stärke getrennt sind. Die Zwischenlagen müssen genau übereinanderliegen, da sonst die Last des Stapels die untenliegenden Schichten durchbiegt. Die äußeren Zwischenlagen sollen dicht an das Ende herangezogen werden. Die Stirnflächen der Bretter werden mit Papier beklebt oder mit einem leicht zu entfernenden und verhältnismäßig durchlässigen Anstrich versehen. Bei wertvolleren Sortimenten nagelt man auch Holzleisten auf, um zu schnelles Austrocknen der Stirnflächen und Reißen zu verhindern. Auch gibt man wohl eine richtige stülpwandartige Abdeckung auf die Stirnflächen. Auf größeren Holzplätzen stellt man meist 4 annähernd gleichgroße Stapel nebeneinander derart, daß nur eine einfache oder doppelte Bretterbreite zwischen ihnen frei bleibt, die ein genügendes Durchtreten von Trockenluft gestattet. Erst zwischen den verschiedenen „Stapeln" sind dann die Haupt- und Nebenwege von 1—5 m für die Arbeit und den Verkehr. Über den Bretterstapel legt man ein möglichst dichtes Dach mit geringer Neigung, welches noch etwa 30 cm über den Stapel herübergreift. Das Dach schützt die Ware vor Regen und vor Staub. Wenn auch das „Vergrauen" oder „Vermucken" keine Fäulnis ist, so mindert es doch die Qualität. In trockener windiger Gegend setzt man die Stapel dicht und gibt schwache Zwischenlagen; in feuchter nebelreicher Luft stapelt man weit. Wertvolle Ware, wie Eiche, wird in Schuppen gestapelt; deren Durchlüftung durch Jalousien geregelt wird. In geschlossenen Schuppen entwickelt sich leicht Käferfraß; daher müssen sie regelmäßig auf „Wurmmehl" nachgesehen werden. Wenn Fraß festgestellt wird, muß das Holz umgestapelt und die befallenen Bretter gedämpft oder künstlich getrocknet werden.

Die natürliche Trocknung erfordert reiche Erfahrung.

d) Der Zeitaufwand für natürliche Trocknung.

Als verladetrocken bezeichnet man Holz mit etwa 20% Wasser. Eisenbahnschwellen bedürfen hierzu durchschnittlich 6—9 Monate Zeit. Schnittware auf der Säge 4—8 Monate. Für die Verarbeitung ist Schnittware nicht unter einem Jahr reif. In trocknen warmen Sommern kommt natürlich auch schnellere Trocknung vor. So trocknete Schnittware von 65% Wasser bis auf 30% in 35 Tagen, von 30% bis auf 15% in weiteren 45 Tagen. Bretter im offenen Stapel trockneten von 105 bis auf 25% in 8 Tagen, von 25% auf 15% in 14 Tagen. Allgemein ist die Geschwindigkeit der Wasserabgabe oberhalb des Fasersättigungspunktes wesentlich höher als unterhalb. So gaben ab in einem Monat kiefernes Rundholz oberhalb 34%, unterhalb 6%; kiefernes Kantholz von 105% Feuchtigkeit je 53% und 4%, eichenes Kantholz mit 80% Anfangsfeuchtigkeit je 11% und 1%. Die Trockengeschwindigkeit ist stark von der Jahreszeit abhängig und bei Trocknungen, die über mehrere Jahre dauern, kann im Winter sogar gelegentlich der Wassergehalt wieder ansteigen.

e) Vergleich der natürlichen mit der künstlichen Trocknung.

Die natürliche Trocknung führt, wenn sie nicht durch scharfe Sonne oder dauernden, trockenen Wind übertrieben wird, das Holz sehr schonend vom feuchten in den trockenen Zustand über. Ihr sind durch den relativen Feuchtigkeitsgehalt der Luft Grenzen gesetzt. „Normale" Lufttrockenheit von 15% ist nur zu erreichen bei mittlerer relativer Feuchtigkeit der Luft unter 75%. Wo höherer Trockenheitsgrad verlangt wird, muß das Holz in besonderen Trockenböden oder in der Werkstatt nachgetrocknet werden. Das kann, z. B. bei harten Hölzern, Jahre erfordern. Die Trocknung muß so lange dauern, bis das Holz den Änderungen des Feuchtigkeitsgehaltes der Luft nur noch langsam folgt. Sorgfältige Stapelung ergibt gleichmäßiges und schonendes Trocknen, aber da hierbei das Holz verhältnismäßig lange Zeit im gefährlichen Feuchtigkeitszustand zwischen etwa 30 und 20% Feuchtigkeit verweilt, ist auch die Gefahr des Verblauens und der Schwammerkrankung bei der natürlichen Trocknung verhältnismäßig groß. Im Freien verstaubt und vergraut das Holz. Gute Ware muß also in Schuppen aufgesetzt werden. Das erhöht die Unkosten. Aber manche Hölzer, wie Eiche und Nußbaum sind natürlich kaum rißfrei zu trocknen. Natürliche Trocknung erfordert beträchtliche Läger und zwingt dazu, für lange Zeit im voraus zu disponieren. Wo Holzart und Sortiment dem Wechsel der Mode unterworfen sind, wie etwa bei Möbeleinrichtungen oder Kästen für Radioapparate, können dadurch beträchtliche Verluste entstehen. Hölzer, die jahrzehntelang in gleicher Art angefordert werden, Eisenbahnschwellen, Bauholz, Telegraphenstangen, Grubenholz u. dgl., werden hiervon nicht berührt. Auch genügt bei ihnen ein Trockenheitsgrad von 15—20%, der sich in 6—9 Monaten erzielen läßt. Ob zwischen künstlich und natürlich getrocknetem Holze auch Qualitätsunterschiede bestehen, ist umstritten. Für Musikinstrumente, Flöten u. dgl. wird vielfach natürlich getrocknetes Holz bevorzugt. Man wirft dem künstlich getrockneten Holze vor, daß es vielfach übertrocknet ist und daß der Trockenheitsgrad nicht so genau festgestellt werden kann. Ob das Urteil auf Überlieferung oder Erfahrung beruht, ist aber nicht zu entscheiden.

VII. Künstliche Trocknung.

a) Geschichte.

Bei der natürlichen Trocknung werden Feuchtigkeit, Temperatur und Luftgeschwindigkeit so benutzt, wie die Natur sie bietet. Eine beschränkte Regelung erfolgt dadurch, daß das Holz enger oder weiter unter Dächer oder in Schuppen gestapelt wird. Bei der künstlichen Trocknung wirken entweder fremde Kräfte auf das Holz ein oder die bei der natürlichen wirkenden Kräfte werden durch technische Maßnahmen verstärkt. Die künstliche Trocknung ist keine Erfindung der Neuzeit. Der griechische Dichter Hesiod schreibt zur Zeit Homers (rund 700 v. Chr.) in einem Lehrgedicht über das Leben des Landmannes (Werke und Tage), „aber das treffliche Steuer hänge oben in den Rauch", und der römische Ackerbauschriftsteller Columella will den Kornboden des Gutshofes so gebaut haben, daß auf ihm Holz durch die Abwärme der Heizanlagen des Wohnhauses getrocknet werden kann. Im Jahre 1727 baute der englische Marinebaumeister Joy[1] für das Arsenal der Kriegsmarine den ersten richtigen Trockenofen, aus dem sich unsere heutigen Trockenanlagen entwickelt haben. Der berühmte Gelehrte Pallas schlug (1790) vor, Holz in Sand zu legen, der von unten durch eine Heizung erhitzt werden solle. Vorschläge zur Trocknung in geheizter Kammer werden im 18. Jahruhndert in England von Wollaston, in Frankreich von Fourcroy und dem großen Gelehrten und Generalschiffbaumeister Du Hamel[2], in Deutschland von dem Major Treue[3] in Braunschweig (1755) gemacht. In der Enzyklopedie von Stieglitz (1792) heißt es, daß in Braunschweig ein Tischler eine Maschine, bestehend aus einem eichenen Kasten und einem Kupferkessel, besitze, mit Hilfe deren jeder sein Nutzholz gegen geringe Bezahlung „Durchschwitzen" lassen könne. Die Entwicklung der Maschinentechnik zu Anfang des 19. Jahrhunderts veranlaßt zahlreiche Patente auf Trocknen des Holzes in eisernen Zylindern (Langton 1825, Symington 1844). Besonders angeregt durch Bedürfnisse der Eisenbahn entwickelt sich auch die Trockenkammer weiter. Charpentier und Guibert in Frankreich 1839, Napier und Newton 1855 in England, bauen Darröfen, in welchen Holz durch Rauchgase und erhitzte Luft getrocknet wird. Die französische Ostbahn und die preußische Staatsbahn in Dortmund besitzen im Jahre 1885 Trockenöfen, in denen die Rauchgase nicht mehr wie früher das Holz berühren, sondern durch Züge unter dem Boden geleitet werden. Etwa seit 1900 beginnt die neuere Entwicklung der künstlichen Holztrocknung, die wiederum einen reichen Niederschlag in Patentschriften findet.

b) Patente.

Die Patentliteratur zeigt, daß der Gedanke der künstlichen Trocknung in sehr verschiedener Weise zu verwirklichen versucht worden ist. Zunächst führt Amerika. Der ungeheuer steigende Bedarf an Wohnungen und gleichzeitig die Zunahme des Holzexportes verlangten eine Abkürzung der Trockenzeit. So entstanden zu Tausenden Trockenkam-

---

[1] Joy: Originalurkunde im Archiv der Admiralität zu London.

[2] Duhamel du Monceau, M.: Du Transport de la Conservation et de la Force des Bois. 1777.

[3] Treu: Anzeiger für Gewerbefleiß in Bayern **1816**, 298.

mern, deren einziges Ziel war, möglichst billig möglichst viel Wasser aus dem Holze zu entfernen. Auf die Qualität der Trocknung legte man nur wenig Wert. In Deutschland, wo man die natürliche Trocknung zu großer Höhe entwickelt hatte, folgte man nur langsam. Und erst, als es gelungen war, die maschinellen Einrichtungen so zu vervollkommnen, daß eine gleichmäßige und qualitativ vorzügliche Ware gewährleistet war, nahm auch die künstliche Trocknung stärker zu. Heute ist hinsichtlich der Einrichtungen hierzu Deutschland führend.

Zwischen 1800 und 1900 werden rund 60 Patente auf Trockenkammern erteilt, denen bis heute noch etwa 200 weitere folgen. Entfernung des Wassers durch Einlegen der Hölzer in wasserentziehende Stoffe streben 18 Patente an, Trocknen durch Kochen in Öl oder Extrahieren des Wassers mit Hilfe anderer Flüssigkeiten 22, durch Behandlung mit elektrischem Strom 7, durch Komprimieren 10, durch Erhitzen mit Gasen (Vulkanisieren) 155. Bedeutung haben heute nur noch die Verfahren auf Trocknung in der Kammer mit Wärme und bewegter Luft. Die Grundlagen dieser Trocknung sind heute Allgemeingut der Technik. Patente schützen nur einzelne wertvolle Ausgestaltungsformen.

c) Beschreibung einiger alter Verfahren.

1. Beim Einlegen in heißen Sand muß nicht nur das Holz, sondern auch der Sand auf solche Temperatur erwärmt werden, daß das Wasser genügend stark aus dem Holz verdampft. Das verlangt sehr viel Brennstoff. Da die Luft, welche das Wasser aufnehmen muß, nur sehr langsam zum Holz Zutritt bekommt, so dauert die Trocknung lange, kostet viel und ist auch nicht immer genügend gleichmäßig.

2. Trocknen mit Elektrizität. Nach dem Verfahren von Nodon in Frankreich[1] und Alcock in Australien[2] wird Elektrizität durch das Holz hindurchgeschickt, indem dieses zwischen Elektroden gelegt und unter elektrische Spannung gesetzt wird. Hierdurch soll das Wasser aus dem Holze ausgeschieden werden. Diese Verfahren haben sich in der Praxis als Fehlschlag erwiesen. Es liegen ihnen falsche Vorstellungen über die Wirkung des elektrischen Stromes zugrunde.

3. Chemische Verfahren. Ebenso wenig sind in der Praxis die sogenannten chemischen Verfahren brauchbar. Stoffe wie konzentrierte Schwefelsäure und Chlorkalzium entziehen wohl Holz, welches mit ihnen zusammengebracht wird, Wasser. Sie nehmen aber ebenso auch Wasser aus der Luft auf. Wenn das Holz etwa in der Kammer mit ihnen getrocknet ist, so müssen sie „regeneriert" werden, was teuer ist. Im Freien ist Trocknung durch sie nicht zu erzielen, sondern nur ein

---

[1] Nodon u. Bretonneau: Deutsches Patent 96772 (1897).
[2] Alcock: Deutsches Patent 256633 (1910).

Gleichgewichtszustand. Da für Chlorzink in Stubenluft z. B. das Gleichgewicht auf 60% Wasser liegt, so würde dieses sogar den Wassergehalt des Holzes erhöhen. Professor Schwalbe, der bekannte Zellulosechemiker in Eberswalde[1], empfahl kürzlich zu gleichem Zeck ein amerikanisches Verfahren (richtiger das in Australien ausgebildete Verfahren von Powell[2]), bei welchem Zuckerlösung in das Holz gepreßt wird. Wie dabei das Holz trocknen soll, ist allerdings ziemlich rätselhaft. Die sogenannten „chemischen" Verfahren sind nach unserem heutigen Stande nur als technische Spielereien zu bewerten.

Das Extrahieren, Herausziehen des Wassers durch Dämpfe von Flüssigkeiten, wie Trichloräthylen und Benzol erfordert kostspielige Anlagen. Selbst bei sorgfältigster Leitung des Verfahrens und bester Ausbildung des Rückgewinnungsprozesses gehen bei jeder Beschickung große Mengen der Extraktionsstoffe durch Bindung an das Holz, Undichtigkeiten in den Leitungen, Kondensation, chemische Umsetzung usw. verloren. Die vor einigen Jahren im großen von Besenfelder durchgeführten Versuche haben die Unwirtschaftlichkeit dieser Arbeitsweise aufs deutlichste gezeigt.

4. Die Schmorkammer. Das einfache Erwärmen des Holzes wird wohl auch als „Schmoren" bezeichnet. In den ältesten „Schmorkammern" streichen die Feuergase des Ofens direkt über das Holz. Für gewisse Holzsortimente, wie Eisenbahnschwellen, wurde dieses geradezu gefordert, da man glaubte, daß der Rauch an das Holz konservierend wirkende Stoffe (Teer) abgebe. Diese Imprägnierungswirkung ist jedoch viel zu gering, um die große Feuersgefahr solcher Anlagen auszugleichen. Die Betriebskosten sind infolge der ungünstigen Ausnutzung der Wärme hoch. Da die Gase mit schätzungsweise 200° durch die Kammer streichen, so reißt das Holz in einem selbst für Eisenbahnschwellen unerwünschten Maße, bessere Hölzer verschmutzen. Die Preußische Staatsbahn baute um 1880 eine Kammer mit indirekter Heizung, bei der die Hitze durch eingebaute Züge reguliert werden konnte. Doch war auch jetzt noch die Regelung des Trockenprozesses unzureichend, da man den Feuchtigkeitsgrad der Luft noch nicht einzustellen verstand. Es bedeutete einen weiteren Fortschritt, daß man erhitzte Luft durch die Kammer streichen ließ, indem man durch Aufsätze mit Jalousien den Zug regelte. Endlich ersetzte man den „natürlichen" durch künstlichen Zug mit Hilfe von Ventilatoren. Doch mangels einer Regelung des Feuchtigkeitsgehaltes der Luft arbeiteten diese Anlagen viel zu intensiv. Trotz aller technischen Fortschritte blieb die Schmorkammer auf die billigsten Sortimente, Eisenbahnschwellen und Bauholz, beschränkt und fand auch hier infolge des hohen Brennstoffverbrauches nur geringe Verbreitung.

---

[1] Schwalbe: Chemische Holztrocknung. Die Holzindustrie 25. Sept. 1928.
[2] Powell: Englisches Patent 11235 vom Jahre 1902.

5. Trocknen im Vakuum. Je niedriger der Druck in einem Gefäße ist, desto niedriger ist auch die Siedetemperatur des Wassers. Diese Beobachtung verleitet immer wieder dazu, für Holztrocknung Vakuum anzuwenden. Für die Trockenwirkung ist aber nicht die Siedetemperatur, sondern die Fähigkeit der Umgebung, Wasser aus dem Holze aufzunehmen, maßgebend. Diese Fähigkeit hat wenig mit der Luft im Raume zu tun. Die Menge an Dampf, welche ein Raum aufnehmen kann, wird durch die Anwesenheit von Luft so gut wie gar nicht beeinflußt, ist aber in hohem Maße von der Temperatur abhängig. Die zum Verdampfen des Wassers nötige Wärme kann mangels eines Stoffes, der sie mit sich führt, nur schlecht und ungleichmäßig durch den Stapel an das Holz gebracht werden. Wärmewirtschaftlich hat Luftleere den Vorteil, daß man im luftleeren Raum nur den Wasserdampf, nicht auch die Luft auf die Trockentemperatur erwärmen muß. Der Wärmebedarf für die Luft fällt also fort. Doch ist dieser gegenüber dem Bedarf für die Erwärmung des Holzes und Wassers usw. nicht übermäßig hoch. Vakuum wird in der Regel dort benutzt, wo beim Trocknen die Temperatur nicht zu hoch werden darf. Hierbei ist zu berücksichtigen, daß je niedriger die Temperatur, desto größer die zum Verdampfen nötige Wärme ist. Je geringer der Druck, desto größer ist das Volumen des abzuführenden Dampfes, desto größer also die Pumpenleistung. Die Kosten für die Herstellung eines dem Vakuum gewachsenen Gefäßes (eisernen Zylinders) und der nötigen Betriebseinrichtung, Pumpen usw. zehren den durch die Ersparung der Anwärmung der Luft gemachten Gewinn völlig auf.

Nehmen wir etwa einen Kessel von 20 m³ Inhalt, von denen 10 m³ Luft und 10 m³ Holz mit 40% Wasser sein sollen. Diese 40% Wasser sollen 2400 kg darstellen und das Holz soll auf 10% heruntergetrocknet werden, d. h. es sollen 180 kg Wasser auf das Kubikmeter, insgesamt also 1800 kg Wasser entfernt werden. Als Temperatur sei 40° vorgeschrieben. Bei dieser Temperatur nehmen die 1800 kg Wasser als Dampf einen Raum von rund 35000 m³ ein. Wenn das Vakuum nur bis auf 15% getrieben wird, sind 245000 m³ Dampf abzusaugen. Wenn diese Leistung in 48 Stunden ausgeführt werden soll, ist eine Luftpumpe von 17 PS Leistung nötig, und eine reine Arbeitsleistung von 624 Pferdekräftestunden, das sind 624 kg Kohle. Die gewöhnliche Trocknung erfordert für 1800 kg Wasser je 2,5 kg Dampf gleich 4500 kg Dampf, welche 575 kg Kohle entsprechen. Betrachten wir nun ein Beispiel, wo Vakuum mit hoher Temperatur vereinigt ist. Es seien 10 m³ Holz mit 50% Wasser gegeben. Die Temperatur sei 100° C und das Vakuum 50%, d. h. 380 mm Quecksilbersäule. Hierbei ist die Siedetemperatur des Wassers 82%. Es sind also zum Verdampfen des Wassers im Holze 18° frei. Die spezifische Wärme des Holzes sei 0,65.

Die ganze zum Verdampfen verfügbare Wärme der 10 m³ beträgt also $(4000 \times 0{,}65 + 2000 \times 1) \times 18 = 79\,200$ WE. Diese können $\frac{79\,200}{560}$ oder rund 140 kg Wasser verdampfen. Durch eine Operation kann der Wassergehalt der Beschickung von 50% auf 46,5% herabgesetzt werden. Man darf nie übersehen, daß nicht das Vakuum oder die „Luft", sondern nur die Wärme Verdampfung bewirkt. Vakuumtrocknung ist also nur dort von Wichtigkeit, wo die Natur des zu trocknenden Gegenstandes dazu zwingt, die Temperatur so niedrig wie möglich zu halten, also etwa bei Obst, Milch u. dgl.

6. Trocknung mit überhitztem Dampf[1]. Physikalisch ist überhitzter Dampf solcher, dessen Temperatur höher ist, als seinem Spannungszustande entspricht, oder umgekehrt, dessen Spannung niedriger ist, als der Temperatur entspricht. Wenn Temperatur und Spannung sich genau entsprechen, so nennt man den Dampf gesättigt. Ob neben diesem Dampf noch Luft im Raum ist, hat mit diesen Begriffen nichts zu tun. Für jede Temperatur gibt es eine unveränderliche Menge an Dampf, die in der Raumeinheit enthalten sein kann, und die einen ebenso unveränderlich mit ihr verbundenen Druck ausübt. Wenn weniger Dampf in dem Raum vorhanden ist, so ist der Dampf überhitzt, wird mehr hineingeschickt, ohne daß die Temperatur erhöht wird, so kondensiert er zu Wasser. In der Technik versteht man unter überhitztem Dampf meist solchen von über 100° C. Dieser ist in der Regel luftfrei. Luftfreien überhitzten Dampf unter 100° C kann man natürlich nur im Vakuum herstellen.

Überhitzten Dampf im technischen Sinne, d. h. von über 100° C erzeugt man dadurch, daß man in einem irgendwie gearteten Wassergefäß (Kessel) Wasser bei 100° C und mehr zum Verdampfen bringt und den Dampf dann durch ein besonderes Heizsystem leitet, wo er, ohne daß weitere Zufuhr von Dampf aus dem Wasser möglich ist, auf höhere Temperatur erwärmt wird. Das Nachströmen von frischem Dampf muß also langsamer erfolgen wie die Überhitzung. Diese Verzögerung der Dampfbildung kann auch dadurch bewirkt werden, daß das Wasser im Wasserraum an irgendwelche anderen Stoffe gebunden ist, die es langsam abgeben. Wenn man z. B. den Kessel mit nassem Holz füllt und schnell auf Temperaturen beträchtlich über 100° erhitzt, so kann innerhalb des Holzes, solange noch Wasser in ihm vorhanden ist und der Druck im Kessel nicht über 1 at steigt, die Temperatur nur wenig über 100° steigen, während im freien Raum der entweichende Dampf auf beliebige höhere Temperatur überhitzt werden kann. Der

---

[1] Heinzerling: Die Konservierung des Holzes. 1885. — Hausbrandt: Das Trocknen mit Luft und Dampf. 5. Aufl. 1924. — Schule, W.: Theorie der Heißlufttrockner. 1920.

Vorgang ist physikalisch etwas kompliziert und wird am besten stufenweise verfolgt. Zu Anfang sei die Temperatur im Zylinder etwa 25° und die relative Feuchtigkeit der Luft 60%. Die Luft ist also mit überhitztem Dampf gemischt. Das Holz enthalte 50% Wasser. Jetzt werde durch eine Dampfschlange die Luft im Zylinder auf 100° erwärmt. Schon bei 25° C kann das Holz von seinem Überschuß an Wasser so viel abgeben, daß sich die Luft sättigen kann. Diese Abgabe durch Verdunstung dauert freilich beträchtliche Zeit. Je höher die Lufttemperatur steigt, desto geschwinder wird die Verdunstung um bei 100° C in Verdampfung überzugehen, desto größer ist aber auch die Menge Wasser, welche zur Sättigung des Luftraumes nötig ist. Nehmen wir an, daß es uns geglückt sei, die Temperatur im Luftraum ohne Verdunstung vom Wasser aus dem Holz auf 100° zu erhöhen. Wir haben dann also immer noch ein Gemisch von Luft und überhitztem Dampf. Wenn nunmehr die Verdampfung einsetzt, so muß die Überhitzung genau entsprechend der Dampfmenge, die aus dem Holz in den Luftraum übertritt, zurückgehen. In gleichem Verhältnis wird auch Luft aus dem Zylinder herausgedrängt und steigt der Sättigungsgrad bis endlich der ganze Raum mit Dampf angefüllt ist. Wenn der Zylinder nur durch eine leicht bewegliche Klappe gegen die Atmosphäre abgeschlossen ist, so wird der Dampf im Zylinder diese sofort heben, wenn sein Druck dem der Atmosphäre gleich geworden ist und nun fortlaufend Dampf aus dem Zylinder ins Freie übertreten. Jetzt ist der Dampf aber nicht mehr überhitzt, sondern gesättigt. Der Trockenprozeß erfolgt nicht mehr durch „überhitzten Dampf", sondern dadurch, daß das Wasser aus dem Holze verdampft. Selbstverständlich kann man eine Überhitzung noch kurze Zeit aufrechterhalten, indem man etwas schneller, als wie das Wasser aus dem Holze verdampft, den Dampf im Luftraum auf Temperaturen über 100° überhitzt. Aber es dauert dann auch nur wenige Minuten bis der Dampf sich wieder gesättigt hat. Da ferner der Druck nicht über das Maß hinaussteigen kann, welches durch den Gegendruck der Atmosphäre gegeben wird, so muß entsprechend dem weiteren Verdunsten auch die Temperatur im Zylinder wieder zurückgehen. Eine Einwirkung von überhitztem Dampf ist bei dieser Art des Betriebes also immer nur für ganz kurze Zeit möglich. Praktisch ist die Trocknung nur eine Verdampfung an Stelle der bei niedrigeren Temperaturen vorherrschenden Verdunstung. Hierdurch entsteht die große Gefahr, daß auch die Temperatur im Holz unzulässig hoch wird. Die Grenze von 100° gilt, wie man nicht übersehen darf, nur für Verdampfung aus einer freien Wassermasse. Das Wasser ist hier aber in kolloidalem Gemisch mit dem Holz und infolgedessen muß, wenn auch nur in geringem Umfange, eine Siedepunktserhöhung ganz ähnlich wie bei Salzlösungen usw. eintreten. Überhitzter Dampf wurde ursprünglich so ausgeführt, daß dieser irgendwo in einem außerhalb der eigentlichen Trockenkammer gelegenen Überhitzer erzeugt und in die Kammer eingeführt wurde. Heinzerling, der diese Arbeit in seinem Werke über Holzimprägnierung (1885) schildert, weiß sehr gut, daß man mit trockenem, d. h. überhitztem Dampf, dessen Temperatur weit genug von der Kondensationstemperatur entfernt ist, gut trocknen kann. Doch bemerkt er, daß das Holz dabei reißt.

Wie wirkt nun der „überhitzte" Dampf? Wir wissen, daß einem Kilogramm freiem Wasser rund 625 WE zugeführt werden müssen, um es zu verdampfen. 1 kg Dampf, der bei 100° erzeugt und auf 110° überhitzt wird, enthält etwas mehr, kann diese Arbeit also gerade leisten. Bei Benutzung eines gewöhnlichen Luftdampfgemisches benötigt man dazu aber etwa 800 WE. Um 1 kg Wasser aus Holz zu entfernen, braucht man bei Trocknung bis auf 10% Wassergehalt hinunter im Mittel 1500 WE. Da nun die Kammerwände nie ganz dicht sind, so dringt fortgesetzt Luft ein, ebenso gibt auch das Holz Luft ab, so daß der ideale Fall des luftfreien überhitzten Dampfes nie erreicht wird. Ferner ist der Wirkungsgrad des Überhitzers zu berücksichtigen. Dieser beträgt im Mittel bei bewährten Ausführungen 40%. Unter völliger Vernachlässigung aller sonstigen Verluste haben wir also 640:0,40, das sind 1600 WE, als Wärmebedarf für die Entfernung von 1 kg Wasser durch überhitzten Dampf zu buchen. Vom wärmewirtschaftlichen Standpunkt aus ist mithin die Anwendung des überhitzten Dampfes keinesfalls anderen Trockenverfahren überlegen.

Dem überhitzten Dampf wird als besonders wertvolle Eigenschaft die Möglichkeit intensiver Steigerung der Wirkung nachgesagt. Auch hier wird ein kleiner Vergleich uns den richtigen Weg weisen. Bei 70° C enthält 1 m³ gesättigte Luft rund 240 g Wasser. Bei 85° ist die Luft mit 350 g Wasser gesättigt und 240 g entsprechen 70% relativer Feuchtigkeit. Bei 100° C enthält 1 m³ 562 g, das sind 70% von 830 g. 830 g Wasser entsprechen aber der Sättigung bei 110°. Um die Luftfeuchtigkeit unter 70% sinken zu lassen, muß man also bei 70° die Raumtemperatur um 15° höher setzen, während bei 100° schon 10° hierzu genügen. Je höher die Temperatur ist, desto gefährlicher ist also eine unbeabsichtigte Erhöhung der Temperatur. Nur solange das Holz noch freies Wasser enthält, kann es für kurze Zeit höhere Temperaturen vertragen. Der überhitzte Dampf verliert, da seine Trockenfähigkeit nur auf dem Anteil über 100° C beruht, infolge Abkühlung unter die Kondensationstemperatur sehr schnell seine Trockeneigenschaften. Man kann den Dampf natürlich durch Zuführung von Wärme wieder überhitzen, aber je höher die Temperatur, desto größer sind die Wärmeverluste und die Gefahr des Verschalens des Holzes und desto ungleichmäßiger wird die Trocknung. Tiemann hat beim Trocknen von 1-Zoll-Brettern von im Mittel 34% Wasser auf 7,5% herunter einen endgültigen Wassergehalt des Holzes zwischen 2 und 18% beobachtet. Im Gegensatz dazu kann bei Dampfluftgemischen unter 100° die Erniedrigung der relativen Feuchtigkeit und damit die Erhöhung der Trockenwirkung einfach durch weitere Zuführung frischer, trockener Luft ohne Temperaturerhöhung erfolgen. Während unter 100° also für die Berichtigung des Feuchtigkeitsgehaltes der Trockenluft zwei Wege zur Verfügung stehen, ist man beim überhitzten Dampf nur auf einen Weg allein angewiesen. In Nordamerika hält man auf Anregung von Tiemann die Überhitzung auf der untersten Grenze und erhitzt Sattdämpfe von 100° auf 110°. Aber auch in dieser schonenden Form trocknet man mit überhitztem Dampf nur grünes Holz bis auf „verladetrocken", d. h. nur im Bereich des freien Wassers[1].

Tiemann hat auch versucht, die Temperatur durch Verbindung des überhitzten Dampfes mit Vakuum noch weiter herunterzudrücken. Unter einem Vakuum von 50% siedet Wasser bei 82°. Dampf von 100° kann sich also um rund 18° abkühlen, bis er seine trocknenden Eigenschaften verliert. Nehmen wir 0,66 kg Holz mit 0,33 kg gleich 50% Wasser. Das Ganze habe eine spezifische Wärme von 0,65, 18° Temperatursenkung machen $18 \times 0,65 =$ rund 12 WE frei, welche rund 12 g gleich 3,6% Wasser verdampfen. Die Arbeit in dieser Weise dauert also sehr lange Zeit und erfordert fortgesetztes Umstellen der Apparatur.

Wenn man neben dem Dampf Luft in der Kammer läßt, so muß man diese natürlich mit erwärmen, doch sind die Mehrkosten dafür keineswegs so beträchtlich, daß sie die Anwendung eines so wenig zu kontrollierenden und für die Qualität der Ware so gefährlichen Verfahrens wie die Trocknung mit luftfreiem überhitzten Dampf rechtfertigen. Für die Auftrocknung eines Kilogramm Wasser gibt Tiemann[2] einen Dampfbedarf von 4—5 kg gegenüber 3—3,5 kg bei gewöhnlicher Trocknung an. Zum Trocknen von zölligen kiefernen Brettern von 32% Wasser auf 10% herunter werden nach ihm 42 Stunden benötigt, während Moll für gewöhnliche Trocknung mit Umluft 35 Stunden ermittelt. In der Praxis werden denn auch, wie man sich unschwer überzeugen kann, die meisten solchen Anlagen gar nicht nach dem Sinne der Patentschriften usw. betrieben, sondern es wird der überhitzte Dampf frei in die Kammer einströmen lassen, so daß die ganz gewöhnliche Trocknung mit Luftdampfgemisch entsteht.

---

[1] Persönliche Beobachtungen.
[2] Kiln drying, p. 98.

VIII. Die künstliche Trocknung in der Kammer mit Luft als Trockenmittel.

a) Physikalische Grundgesetze.

Das Ziel der künstlichen Trocknung ist, dem Holz eine bestimmte Menge Feuchtigkeit in möglichst kurzer Zeit unter möglichster Schonung der Eigenschaften des Holzes zu entziehen. Auch soll der Trockenheitsgrad sowohl im einzelnen Stück, wie bei der ganzen Beschickung der Kammer möglichst gleich sein. Die Gleichmäßigkeit wird in erster Linie durch gleichmäßige Verteilung der Trockenluft in der Kammer sowie stetigen Ablauf des Trockenvorganges erzielt. Die wichtigsten Gesetze für die Ableitung des Wassers aus dem Holze in den umgebenden Luftraum sind folgende:

1. **Die Geschwindigkeit der Weiterleitung des Wassers im Holz** steht im umgekehrten Verhältnis zum Quadrat der Stärke. Wenn das Wasser zum Durchdringen eines Bretts von 1 Zoll Stärke einen Tag braucht, so braucht es für ein 2 Zoll starkes Brett 4 Tage.

2. **Die Dauer der Trocknung** auf gleichen Mittelwert hinunter nimmt für die Dicke annähernd mit der 1,5ten Potenz zu.

3. **Die Durchtrittsgeschwindigkeit von Wasser durch ein Brett** steht in geradem Verhältnis zur Differenz der relativen Luftfeuchtigkeiten auf den beiden Seiten des Brettes. Bei gleicher Temperatur sei auf der einen Seite eines Brettes absolut trockene, auf der andern vollständig gesättigte Luft und es trete in einer Stunde 1 g Wasser hindurch, so tritt bei 50% nur 0,5 g Wasser durch.

4. **Die Geschwindigkeit des Durchtritts von Wasser durch das Holz** unterhalb des Fasersättigungspunktes nimmt mit dem Feuchtigkeitsgehalt des Holzes zu. Sie ist beim Fasersättigungspunkt etwa sechsmal größer als bei absolut trockenem Holz. Sie hängt ferner von der Richtung des Wasserstromes zur Holzfaser, von der Art des Holzes usw. ab. Z. B. können die Gefäße (Poren) des Holzes der Buche und Eiche starke Abweichungen hervorrufen.

Für die Entfernung des freien Wassers, d. h. für die Trocknung vom grünen Zustande bis auf den Fasersättigungspunkt hinunter, gelten dieselben Gesetze, nur mit anderen Beiwerten. Insbesondere ist bei den Beziehungen zu 1 bis 3 die in der Zeiteinheit durchtretende Menge größer.

5. **Der Wasserverlust beim Trocknen** bei Aufrechterhaltung gleicher äußerer Bedingungen (Temperatur und relative Luftfeuchtigkeit) verläuft nach einer Hyperbel, bei Abwandlung der relativen Feuchtigkeit in Abhängigkeit vom Wassergehalt des Holzes nach einer Exponential-

kurve. Im ersten Zeitabschnitt verdampft verhältnismäßig am meisten Wasser. Je weiter die Trocknung fortschreitet, desto langsamer wird sie bzw. desto größere Kräfte werden nötig, um eine gleiche Menge Wasser aus dem Holz zu entfernen.

Diese Gesetzmäßigkeiten gelten für größere Stücke Holz natürlich nur dann, wenn es gelingt, den Trockenvorgang durch das ganze Stück hindurch gleichmäßig zu gestalten. Da sich die Feuchtigkeit im Holze genau wie etwa Wasser in der Leitung immer von Stellen höheren Druckes nach Stellen niedrigeren Druckes bewegt, so muß im Holz Gefälle des Feuchtigkeitsgehaltes vorhanden sein. Der Prozentgehalt des Wassers im Holz muß von innen nach außen gleichmäßig abnehmen. Technisch sagt man wohl: der Wasserfaden darf beim Trocknen nicht abreißen. Ist die Feuchtigkeit außen größer, so muß, um das Gefälle wieder herzustellen, außen mehr Wasser abgeleitet werden. Die Trocknung verzögert sich. Wird dagegen an der Außenseite zu viel Wasser durch die Luft abgeführt, so bekommt das Gefälle einen Sprung, der Wasserfaden reißt ab, das Holz verschalt. Da je trockener das Holz ist die Durchleitung desto langsamer wird, so greift, wenn nicht sofort die Wasserableitung unterbrochen und Feuchtigkeit der Luft zugeführt wird, die Verschalung immer weiter um sich. Es sei ein Holz von 20% Wasser auf 10% hinunter zu trocknen. Durch irgendwelche Umstände sei die Luft plötzlich so trocken geworden, daß ihr ein Feuchtigkeitsgehalt des Holzes von 5% entspricht. Die äußere Holzschicht sei auf 5% getrocknet. Da nun der Widerstand gegen die Durchleitung von Wasser bei 5% etwa doppelt so groß ist wie bei 10% Wassergehalt, so dauert die Leitung des Wassers in der äußeren Schicht jetzt die doppelte Zeit. Vom Inneren gelangt nicht mehr genügend Feuchtigkeit in die äußere Schicht, der Strom wird verlangsamt, die Verschalung breitet sich weiter aus.

6. **Die Trockengeschwindigkeit steigt mit der Temperatur.** Da aber schon bei Temperaturen, bei denen noch nicht Destillation eintritt, die Herstellung gleichmäßiger Verhältnisse in der Kammer erschwert wird und das Holz den Volumenänderungen nicht mehr ohne Risse folgen kann, so bleibt man bei niedrigeren Temperaturen und regelt die Trockengeschwindigkeit durch den relativen Feuchtigkeitsgehalt der Luft. Besonders wichtig ist das Anwärmen des Holzes zu Beginn der Trocknung. Da Luft die Wärme langsamer als Dampf abgibt, da ferner trockene Luft den Trockenprozeß des Holzes schon beginnen läßt, bevor das Holz durchwärmt und das gleichmäßige Feuchtigkeitsgefälle in ihm hergestellt ist, so wärmt man mit gesättigter Luft an. Dieses Anwärmen wird als Dämpfen bezeichnet. Die Temperatur hierbei kann unter oder über 100° betragen, nur muß der Raum jederzeit mit Wasserdampf gesättigt sein. Für die praktische Anwendung der vorstehend aufgeführten Formeln fehlt nun noch der Maßstab. Das heimliche Ideal vieler Holz-

fachleute ist die „Rapidtrocknung", die Möglichkeit, etwa zöllige Kiefernbohlen in 24 Stunden von grün auf 10% Wasser zu trocknen. Ist eine solche beliebig verlangte Trocknungsgeschwindigkeit überhaupt möglich oder setzt die Natur nicht Grenzen? Wir wissen ja, daß z. B. Elektrizität mit ganz bestimmter Geschwindigkeit geleitet wird. Genau so ist auch die Geschwindigkeit der Durchleitung von Wasser durch Holz eine solche von der Natur gegebene Größe, die sich nach den unter 1—6 genannten Gesetzen einem Höchstwert nähert. Für uns ist jedoch nicht so sehr dieser ideale, sondern der praktische Höchstwert wichtig. Wir wissen, daß je höher die Temperatur, desto geringer die Luftfeuchtigkeit und desto größer die Trockengeschwindigkeit ist, daß aber umgekehrt je geringer der Feuchtigkeitsgehalt des Holzes desto geringer die Trockengeschwindigkeit ist. Je trockner die Luft ist, desto schneller verringert sie also die von ihr bewirkte Geschwindigkeit der Trocknung. Jede Überschreitung einer bestimmten Trockengeschwindigkeit hat zu große Abfuhr von Wasser aus den äußeren Schichten und damit Verschalen zur Folge. Auch das verlangt, daß man genügend weit von der höchsten Trockengeschwindigkeit entfernt bleibt. Die praktische Trocknungskurve wird also der idealen ganz entsprechend aber langsamer verlaufen. Als Trockenzeit bezeichnen wir den Abschnitt auf der Zeitachse unserer Kurve, innerhalb dessen sich die Entfernung des Wassers von der ursprünglichen bis auf die für den besonderen Fall geforderte Menge herunter abwickelt. Da wir die Formel für den Gesamtverlauf der Kurve kennen, so müssen wir nur noch ihren Maßstab bzw. die Zeitdauer für irgendeinen beliebigen Abschnitt bestimmen. Nehmen wir als Beispiel die Trocknung einer zweizölligen Eichenbohle bei 60° C. Bei 26% Feuchtigkeit des Holzes, d. h. beim Fasersättigungspunkt, beträgt der Feuchtigkeitsdurchtritt, wenn die Luft an der Innenseite absolut trocken, an der anderen vollständig gesättigt ist, in einem Tage auf eine Fläche von 1 cm² 25-mm-Eichenholz, radial 0,06 und tangential 0,03, im Mittel 0,045 g; oberhalb des Fasersättigungspunktes 0,08 g, da das Holz nach 2 Seiten trocknet, haben wir nur die halbe Stärke zu nehmen. Unser Holz habe ein Trockengewicht von 600 kg auf das Kubikmeter und 50% Feuchtigkeit. Hiervon seien 26% gebunden und 24% frei. Auf 1 cm² Fläche kommen von der Mitte aus also 1,5 g Holz, 0,39 g gebundenes und 0,36 g freies Wasser = 0,75 g Gesamtwasser. Das freie Wasser wird mit ziemlich gleichmäßiger Geschwindigkeit von 0,08 g pro ein Tag verdampft. Es wird also insgesamt 0,36:0,08 = 4,5 Tage gebrauchen. Nun solle auf 10% herunter getrocknet werden, d. h. von dem gebundenen Wasser sollen noch 0,24 g beseitigt werden. Hierfür beträgt die Durchleitung beim Fasersättigungspunkt 0,045 g. Bei 10% Feuchtigkeitsgehalt des Holzes etwa 38% dieses Wertes, d. h. 0,017 g, im Mittel also 0,03 g, das gibt eine Trockenzeit von 0,24:0,03

= 8 Tage. Wir bekommen also für eine Trockentemperatur von 60° eine kürzeste Trockenzeit für eine 2-Zoll-Eiche von 12,5 Tagen. Thelen in Madison rechnet 20—37 Tage. Bei Probetrocknungen wurden in Deutschland 10—12 Tage gebraucht.

b) Die Grundprinzipien Wärme, Luftfeuchtigkeit und Luftbewegung.

Die Faktoren relative Luftfeuchtigkeit, Wärme und Luftwechsel wirken einerseits derart, daß je geringer die relative Feuchtigkeit, je höher die Wärme und je größer die Menge der vorbeistreichenden Luft, desto größer die Menge des von der Oberfläche des Holzes abgeführten Wassers ist. Unmittelbar in die Tiefe des Holzes wirkt nur die Wärme. Daher ist es vom wirtschaftlichen Standpunkte aus vorteilhaft, die Temperatur so hoch als die Art des Holzes gestattet, zu wählen.

Die Luftgeschwindigkeit ist der Faktor, welcher sich bei der künstlichen Trocknung am genauesten regeln läßt, und welcher auch die geringste Einwirkung auf das Holz hat. Wenn die Trockenluft nur durch die Kammer hindurchgeleitet wird, steigt natürlich der Trockeneffekt mit der Menge der Luft, in dem Verhältnis, wie es das Gleichgewicht zwischen relativer Feuchtigkeit und Holzfeuchtigkeit gestattet. Bei Gleichgewicht zwischen diesen Werten kann auch noch so intensive Durchführung von Luft nichts am Trockenheitsgrad des Holzes ändern. Die Luftgeschwindigkeit gewinnt erst dann Bedeutung, wenn die Luft verhältnismäßig trockener ist. Aber auch dann kann der Trockenvorgang immer nur so weit fortschreiten, bis wieder Gleichgewicht eingetreten ist. Die Umwälzverfahren der Trocknung sind besonders auf dieser Erkenntnis aufgebaut. Ähnlich wie bei einer modernen Rudermaschine, die sich automatisch immer wieder auf Mittellage einstellt, nähern sich, je mehr umgewälzt wird, desto mehr relative Feuchtigkeit und Feuchtigkeitsgehalt des Holzes von beiden Seiten her einem Gleichgewicht, über das sie nicht hinauskommen können, wenn nicht in irgendwelcher Weise der Feuchtigkeitsgehalt der umgewälzten Luft von außen her geändert wird. Weiter hat die Umwälzung natürlich auch noch insofern Wert, als sie gestattet, in der Kammer möglichst gleichmäßige Bedingungen zu schaffen. Am gleichmäßigsten wird die Trocknung dann vor sich gehen, wenn sie in kleinen Stufen erfolgt, also wenn die Trockenluft möglichst feucht mit großer Geschwindigkeit durch die Kammer geführt wird. Eine Trockenkammer muß mithin folgenden Forderungen genügen:

1. Die Temperatur muß auf solche Höhe gebracht werden können und darauf erhalten werden können, daß die dem Holz zugeführte Wärmeenergie möglichst völlig ausgenutzt wird.

2. Die relative Feuchtigkeit der Luft muß jederzeit so geregelt werden können, daß die größtmöglichste Beschleunigung der Entfernung des Wassers aus dem Holze erzielt wird.

3. Wärme und Feuchtigkeitsgrad der Luft müssen in allen Teilen der Kammer gleich sein.

In der Zeitschrift „Holzmarkt" vom 30. August 1928 wurde die Frage, welche Holztrocknungsanlage die beste sei, so beantwortet: die, bei welcher mit möglichst kurzem Zeitaufwand und möglichst geringem Wärmeaufwand ein möglichst gut getrocknetes, vor allem rißfreies und nicht verzogenes Produkt aus der Kammer herauskommt. Wir übersetzen das so: Die beste Kammer ist die, welche gestattet, möglichst nahe an die kürzeste ideale Trocknungskurve heranzukommen, welche für ein gegebenes Stück Holz möglich ist.

c) Die wichtigsten Typen von Trockenanlagen.

Teils auf Grund dieser verschiedenen Anforderungen, meist aber ziemlich willkürlich auf Grund der Ideen von Erfindern haben sich eine reiche Zahl Formen von Trockenanlagen entwickelt, die aber in wenigen Gruppen untergebracht werden können. Für die Einteilung kann man verschiedene Grundsätze anwenden. Herkömmlich unterscheidet man zunächst zwischen Kanal- und Kammertrocknung.

A. Der Kanal.

Während in der Kammer in einem gegebenen Zeitpunkt die ganze Beschickung genau gleichen Verhältnissen ausgesetzt ist, ändern sich diese im Kanal gesetzmäßig von einem zum anderen Ende. Das Holz wird während des Trockenprozesses durch den Kanal hindurchgefahren und so nach und nach den verschiedenen Bedingungen ausgesetzt. Zum bequemen Weiterbewegen der Wagen gibt man dem Boden des Kanals ein Gefälle von etwa 2,5%.

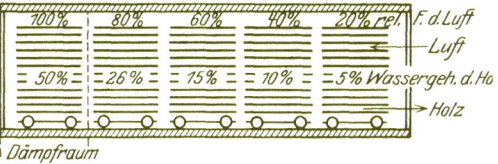

Abb. 12. Kanaltrockner zeigt schematisch das Ansteigen der relativen Feuchtigkeit der Luft und das Absinken des Wassergehaltes des Holzes.

Bei ganz einfachen Kanalanlagen läßt man trockene, warme Luft an einem Ende einströmen, die den Raum am anderen Ende feuchter und kühler verläßt. Das Holz wird der Luft entgegengeführt. Das feuchte Holz kommt also zu Anfang mit der gesättigten und am Schluß mit der trockenen Luft in Berührung. Da im Kanal während der ganzen Kampagne gleiche Verhältnisse gehalten werden, so sind die Wärmeverluste an den Wänden geringer als bei der Kammer. Wenn man das Holz vor der Trocknung im Kanal dämpfen

46 Die künstliche Trocknung in der Kammer mit Luft als Trockenmittel.

will, so benötigt man einen besonders abschließbaren Vorraum. Um Temperatur und Feuchtigkeit in jedem Abschnitt des Kanals besonders regeln zu können, müssen auf die Länge verteilt Radiatoren mit besonderer Einstellung und Zuführungsstellen für Feuchtigkeit (z. B. Dampfdüsen) eingebaut werden. Schwieriger ist die gleichmäßige Verteilung von Wärme und Feuchtigkeit im Querschnitt. Wenn die Luft einfach durch den Kanal hindurchstreicht, so benutzt sie die Wege des geringsten Widerstandes und der Trockenvorgang eilt in den äußeren und oberen Schichten des eingefahrenen Holzes vor. Man baut daher zweckmäßig Einrichtungen zur Querumwälzung ein. Flügelventilatoren sind den Gebläseventilatoren vorzuziehen, da sie frei im Raum arbeiten

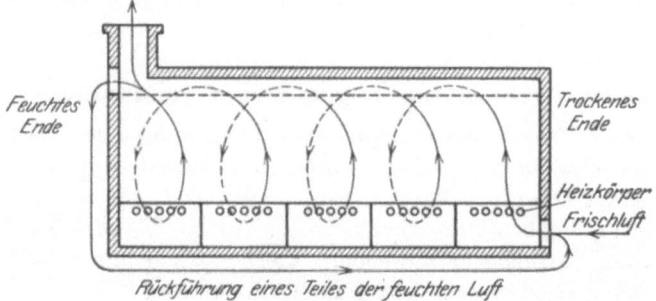

Abb. 13. Trockenkanal von Benno Schilde mit Patent im Luftzellengebläse.
Schema der Luftbewegung.

und die Luft gewissermaßen schraubenförmig durch den Kanal hindurchbewegen. Hierdurch wird die Abstufung der Bedingungen sehr gleichmäßig. Beim Einführen eines neuen Wagens in den Kanal sinkt infolge der niedrigen Temperatur des frischen Holzes (wenn dieses nicht etwa gedämpft wird) die Temperatur der Luft plötzlich und stört auch noch auf weitere Entfernung von ihrer Austrittsstelle den Trocknungsvorgang. Ohne Ventilatoren ist die Geschwindigkeit der Luft sehr verschieden, je nachdem sie gesättigt oder trocken ist. So kann es leicht vorkommen, daß trotz hinreichender Gesamtzeit die Trocknung in einzelnen Abschnitten voreilt. In einem Kanal mit 4 Wagen wurden in den einzelnen Wagen folgende mittlere Feuchtigkeitsgehalte des Holzes gefunden: 75%, 35%, 8%, 5%. Nach der idealen Trockenkurve müßten die Werte sein 75—15—7,5—5. Der zweite Wagen ist also zurückgeblieben und findet nun beim Verschieben an die dritte Stelle zu scharfe Bedingungen. Das ist um so schlimmer, als diese Stelle gerade mit dem Übergang über den Fasersättigungspunkt zusammentrifft und erklärt, warum man im Kanal so häufig mit inneren Rissen und Verschalen zu tun hat. Entweder muß also die Durchführung des Holzes langsamer erfolgen, oder es muß die Trocknung des ersten Wagens beschleunigt, d. h. an dieser Stelle etwas Frischluft zugegeben werden.

Wenn man im Kanal bessere Ware auf geringen Feuchtigkeitsgehalt heruntertrocknen will, muß man jedenfalls Temperatur und Feuchtigkeit für jeden einzelnen Abschnitt des Kanals regeln können. Wie ein Blick auf die Trockenkurve zeigt, entfernt sich diese, wenn man nur einen kurzen Abschnitt, etwa die Trocknung, bis auf 15% hinunter nimmt, nicht zu weit von der geraden Linie. Tatsächlich wird denn auch in der Praxis der Kanal für billigere und nicht zu weit zu trocknende Ware, wie Kiefernfußböden und Kistenbretter, mit sehr gutem Erfolge be-

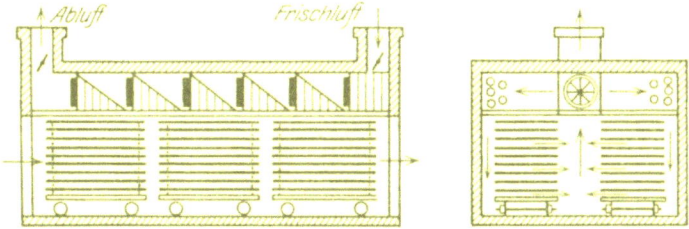

Abb. 14. Trockenkanal von Benno Schilde mit Patent Umluftzellengebläse.
Schema der Bauanordnung.

nutzt. Die schlechten Ergebnisse der Trocknung z. B. von eichenen Möbelhölzern im Kanal sind nicht in erster Linie auf Unsorgfältigkeit in der Bedienung oder auf die grundsätzliche Nichteignung des Kanals hierfür zurückzuführen, sondern darauf, daß die dem Trockenvorgang zugrunde liegenden Gesetze nicht genügend bekannt sind, und daß infolgedessen die Verhältnisse im Kanal nicht entsprechend geregelt werden. Man kann etwa folgende Typen von Kanalanlagen unterscheiden:

1. Mit Längsdurchblasung der Luft. a) Mit natürlichem durch Temperatur und Feuchtigkeitsunterschied bewirkten Zuge (Abb. 16), b) mit künstlichem Zuge durch Sauggebläse, c) mit Druckgebläse (Abb. 15).

2. Mit Schraubenbewegung der Luft durch Flügelventilatoren (Abb. 14).

3. Mit Querbewegung durch Gebläse.

In Amerika herrscht der Kanal mit Längsdurchblasung und natürlichem Zuge vor. In Deutschland ist vor allem durch die Arbeiten von Benno Schilde der Kanal mit Schraubenbewegung der Luft zu hoher Vollkommenheit entwickelt worden, und insbesondere die „innere" und „äußere" Umwälzung vereinigt worden (Abb. 14).

B. Die Kammer.

Die Ware bleibt in der Kammer auf der Stelle, und die ganze Beschickung des Raumes unterliegt gleichzeitig den gleichen Bedingungen, die sich zeitlich abändern. Die Unterschiede liegen in der Art der Regelung des Feuchtigkeitsgehaltes und der Anordnung der zur Durchführung der

48 Die künstliche Trocknung in der Kammer mit Luft als Trockenmittel.

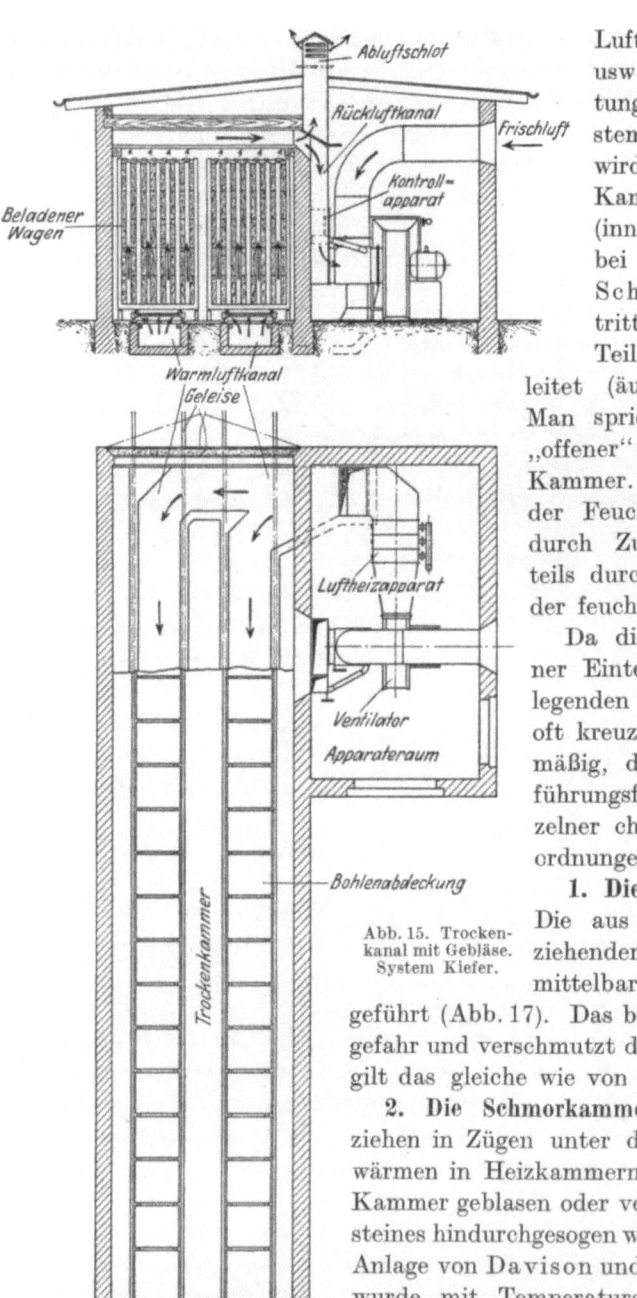

Abb. 15. Trockenkanal mit Gebläse. System Kiefer.

Luft, der Erwärmung usw. dienenden Einrichtungen. Bei einigen Systemen (z. B. Schilde) wird die Luft in der Kammer umgewälzt (innere Umwälzung), bei andern (Heinrich Schultz) vom Austrittsende wieder zum Teil dem Eintritt zugeleitet (äußere Umwälzung). Man spricht auch wohl von „offener" und „geschlossener" Kammer. Die Heraufsetzung der Feuchtigkeit wird teils durch Zusatz von Dampf, teils durch Wiederbenutzung der feuchten Abluft bewirkt.

Da die verschiedenen einer Einteilung zugrunde zu legenden Anordnungen sich oft kreuzen, so ist es zweckmäßig, die wichtigsten Ausführungsformen an Hand einzelner charakteristischer Anordnungen zu zeigen.

1. **Die Schmauchkammer.** Die aus der Feuerung abziehenden Gase werden unmittelbar durch die Kammer geführt (Abb. 17). Das bedingt große Feuersgefahr und verschmutzt die Ware. Im übrigen gilt das gleiche wie von 2.

2. **Die Schmorkammer.** Die Feuergase ziehen in Zügen unter dem Boden oder erwärmen in Heizkammern Luft, die durch die Kammer geblasen oder vermittels des Schornsteines hindurchgesogen wird (Abb. 18). In der Anlage von Davison und Symington (1844) wurde mit Temperaturen von 66—93° begonnen. Bethell, bekannt durch die Imprägnierung mit Teeröl, ging auf 43° zurück.

Luft von 20° enthält auf das Kubikmeter bei Sättigung 17 g Wasser, bei 50° C bedeuten diese 17 g 21%, bei 60° 13%. Die Holzoberfläche eilt also bei der Trocknung vor, das Holz verschalt. Nur das freie Wasser kann gewissermaßen herausgekocht werden. Die Verluste durch Entwerten sind in Anlagen dieser Art immer sehr hoch gewesen.

3. Die Trockenkammer mit Feuchtigkeitsregulierung. Man kann zwei Hauptgruppen bilden: a) Kammern mit durchströmender Luft, b) Kammern mit innen umgewälzter Luft.

In beiden Fällen kann die Luft erwärmt werden, a) in besonderen, vor die Eintrittsöffnung geschalteten Erhitzern, oder β) in der Kammer bzw. besonderen Abteilungen der Kammer.

a) **Die Kammer mit durchströmender Luft.** Frische Luft strömt an einer oder mehreren Stellen in die Kammer ein und durchläuft sie auf geradem Wege bis zum Auslaß. Richtungsänderungen, die sie zwischen dem Holz erleidet, bewirken Wirbelströme, aber die Wege kleinsten Widerstandes werden bevorzugt. Hier z. B. an den Seitenwänden und Mittelgängen größerer Kammern strömt die Luft am schnellsten hindurch und eilt das Holz in der Trocknung vor. Die Trocknung in solcher Kammer ist also ungleichmäßig. Die wichtigsten Formen von Einzelheiten dieser Kammerart sind folgende:

1. **Einströmung und Ausströmung.** Eintritt der Luft an einer Stelle, Eintritt durch einen Kanal, der in der ganzen Länge unter dem Boden

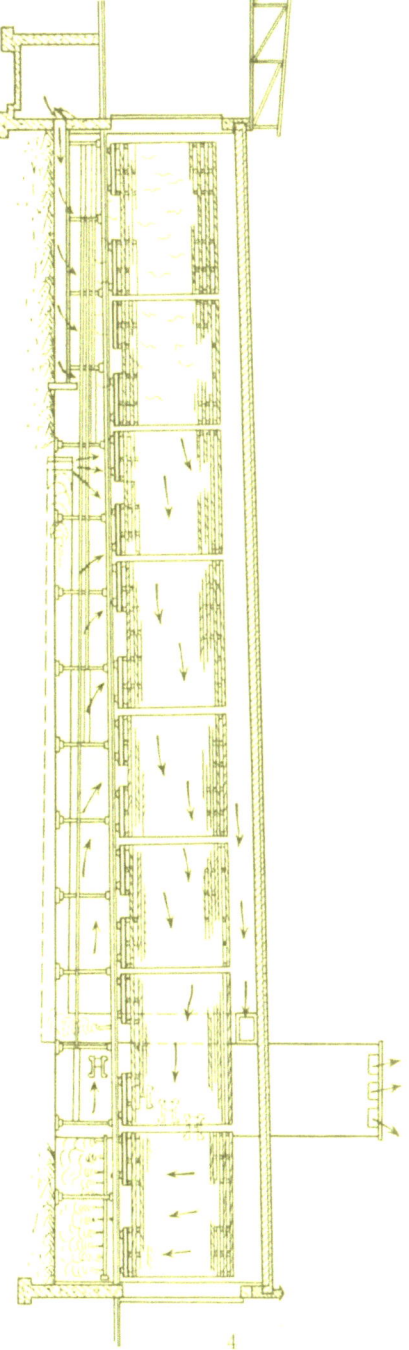

Abb. 16. Trockenkanal mit natürlichem Zuge (System Softex U. S. A.)

Moll, Holztrocknung.

50   Die künstliche Trocknung in der Kammer mit Luft als Trockenmittel.

entlanggeht und die Luft an verschiedenen Stellen in die eigentliche Kammer eintreten läßt, Eintritt durch Kanäle in den Seitenwänden, mit auf die ganze Länge verteilten Löchern und Schlitzen, Eintritt

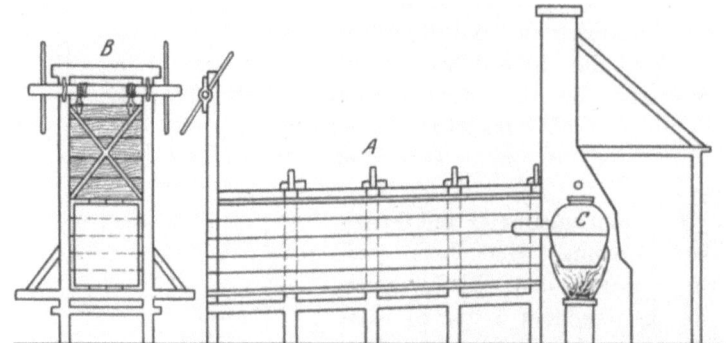

Abb. 17. Apparat zum Dämpfen und Trocknen von Holz von Treu. 1753 (Anzeiger für Gewerbefleiß in Bayern, 1816, S. 298).

oben von der Decke. Der Austritt erfolgt gewöhnlich an einer der Eintrittsstelle entsprechend entgegengesetzten Stelle.

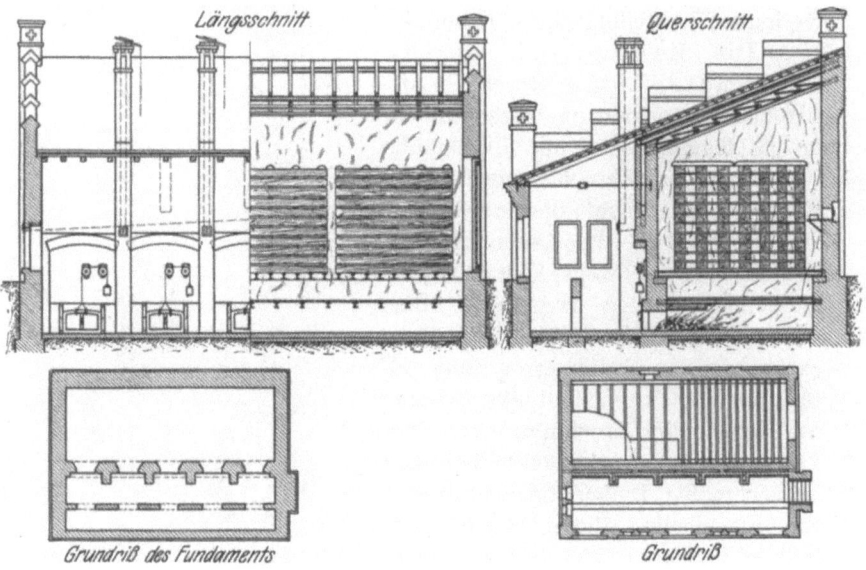

Abb. 18. Schwellenholzkammer der Eisenbahn in Dortmund (Organ für die Fortschritte im Eisenbahnwesen, Bd. 25 (1888) Tafel 17.

2. **Antrieb für die Luftbewegung.** Die Einführung der Luft erfolgt natürlich durch Einsaugen, indem eine Eintrittsöffnung durch Schieber freigegeben wird oder durch Gebläse. Der Austritt wird bei Eindrücken meist natürlich, bei Einsaugen gelegentlich durch Saug-

gebläse bewirkt. Mitunter ist Eintritt und Austritt verbunden. Das Gebläse, welches den Eintritt bewirkt, saugt die Luft aus der Austrittsöffnung. Hierbei läßt man jedoch einen Teil der austretenden Luft ins Freie entweichen und durch eine Klappe entsprechend frische Luft ansaugen, die mit dem Rest der austretenden feuchten Luft im Gebläse gemischt wird. Wenn der Zug rein durch Schornsteinwirkung erzeugt wird, läßt man die ganze Abluft ins Freie treten. Die Beschleunigung wird durch die Höhe des Schornsteins bzw. durch in den Schornstein eingebaute Klappen oder an der Seite angeordnete verstellbare Schlitze geregelt. Statt des Schornsteins nimmt man auch auf die ganze Länge der Kammer verteilte Aufsätze (Ventilationsschächte), bei denen der Zug durch Jalousieschlitze geregelt wird. Bei der Arbeit ohne Gebläse muß die Bewegung der Luft also rein durch die Gewichtsdifferenz zwischen kalter und warmer, feuchter und trockener Luft bewirkt werden. Da Luft um so leichter ist, je wärmer und je feuchter sie ist, so laufen, wenn beim Trockenprozeß die Temperatur sinkt und die Feuchtigkeit steigt, die beiden Vorgänge offensichtlich gegeneinander. Trockene Luft von 20° wiegt auf 1 m³ 1,203 kg, nasse Luft 1,194 kg, trockene Luft von 40° wiegt 1,126 kg, nasse Luft 1,098 kg. In der Kammer wird also die Luft bei Sättigung wegen der stärker wirkenden Abkühlung nach unten sinken. Wenn aber die Heizkörper unten liegen, so wirken sie dem entgegen, so daß also eine wenn auch kleine Umwälzung entsteht. Die Saugwirkung im Schornstein hängt natürlich auch von den Verhältnissen der Außenluft ab. Wenn bei hoher Temperatur und Feuchtigkeit das Gewicht der Außenluft gering ist, so wird, besonders an windstillen Tagen, wie es ja auch vom gewöhnlichen Schornstein her bekannt ist, die Zugwirkung schlecht.

3. Temperaturregelung. Entweder in den Weg der einströmenden Luft, oder in die Kammer selbst an den verschiedensten Stellen, meist jedoch im Boden werden Heizelemente eingebaut. Im ersten Falle muß die Luft vor Eintritt in die Kammer eine besondere Heizkammer oder einen Heizkörper durchströmen, in dem sie die geforderte Temperatur annimmt. Im anderen Falle, der aber auch mit dem ersten vereinigt sein kann, liegen gewöhnlich in einem Kanal unter der ganzen Länge der Kammer oder an deren Seiten Heizschlangen oder Radiatoren derart, daß die Luft durch diese hindurchströmen muß.

4. Feuchtigkeitsregelung. Die aus dem Holz entfernte Feuchtigkeit wird in einfachster Weise dadurch beseitigt, daß die gesättigte Luft aus der Kammer ins Freie entlassen wird. Wenn die Luft wieder dem Frischluftgebläse zugeführt werden soll, so muß ihr natürlich so viel Wasser entzogen werden, daß sie wieder Trockenwirkung ausüben kann. Entweder muß man also das überschüssige Wasser durch Kondensatoren im Wege der Rückleitung beseitigen, oder die feuchte Luft

muß zu einem Teil durch frische, trockene Luft ersetzt werden. Meist wird der zweite Weg gewählt. Verminderung der Feuchtigkeit wird in der Regel durch Einlaß frischer trockener Luft in die Kammer, Erhöhung durch Einlaß von Dampf bewirkt.

In wie verschiedener Weise die einzelnen Elemente vereinigt sein können, mögen nachstehende Beispiele zeigen.

C. Beispiele von Kammern.

1. Stirling (Sheffield)[1]. a) Einströmung im Boden, Ausströmung in der Decke.

b) Saugzug durch mit Jalousien versehene Lüftungsaufsätze.

c) Heizschlangen in einem Kanal im Boden. Die Temperatur soll konstant auf etwa 37° C gehalten werden.

d) Die Feuchtigkeit wird geregelt, durch Einlaß von Dampf oder von Frischluft. Der Dampfeinlaß beschleunigt gleichzeitig die Luftströmung. Der Trockenprozeß beginnt mit 70—90% relativer Feuchtigkeit und es soll auf 40—20% heruntergegangen werden. 25 mm Eiche soll man 21 Tage, Kiefer 7 Tage trocknen.

2. Gebläsetrockner, entworfen vom U.S.A. Forest Service (Madison, Amerika)[2]. a) Eintritt an einer Stelle unten, Austritt am andern Ende der Kammer.

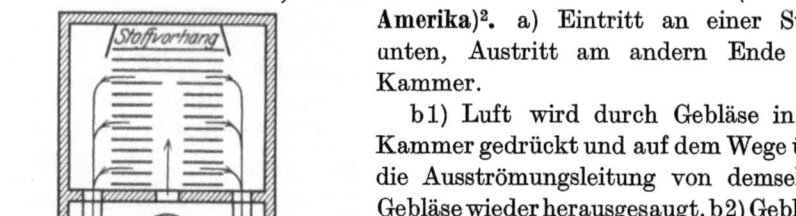

Abb. 19. Gebläsetrockner der U. S. A. Forest Service mit außenliegendem Gebläse und Kondensator.

b1) Luft wird durch Gebläse in die Kammer gedrückt und auf dem Wege über die Ausströmungsleitung von demselben Gebläse wieder herausgesaugt. b2) Gebläsetrockner des U.S.A. Forest Service mit innen liegendem Ventilator: Während beim vorigen die Längsbewegung der Luftvorherrscht, ist hier die Quer„umwälzung" stärker ausgebildet. Wenn die Luftbewegung statt durch Gebläse mittels Flügelventilatoren erfolgt, so kommt diese Bauweise der unter 10 beschriebenen Kammer mit Umwälzung sehr nahe.

c) Zwischen Gebläse und Eintritt ist ein Heizkörper eingesetzt.

d) Die Feuchtigkeit wird durch Mischung feuchter Abluft und trockner Frischluft geregelt. Bei einer anderen Ausführungsform befindet sich zwischen Austritt und Gebläse ein Kondensator. Dieser kühlt die

---

[1] Blake, E. G.: The Seasoning and Preservation of Timber. S. 41. London 1924.

[2] U. S. Dep. Agr. Bull. 1136, rev. ed. 1929. — Thelen: Kiln Drying handbook. S. 76.

Abluft auf genau bestimmte Temperatur durch entsprechend warmes Kühlwasser. Der Überschuß an Wasser wird niedergeschlagen, die Abluft strömt dem Gebläse, mit niedrigerer Temperatur gesättigt, zu, z. B. mit 30° Wärme und entsprechend 30 g Wasser im Kubikmeter. Wenn sie nun im Heizkörper auf 40° erwärmt wird, wobei zur Sättigung 50 g pro m³ erforderlich sind, so hat sie nunmehr nur noch 60% relative Feuchtigkeit. Auf diese Weise ist es möglich, mit Hilfe der bekannten Werte Temperatur des Kühlwassers und des Heizkörpers vorwiegend oder allein aus der Abluft Eintrittsluft mit jedem gewünschten Feuchtigkeitsgrad herzustellen.

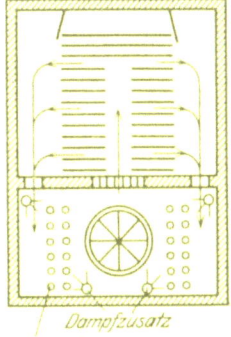

Abb. 20. Gebläsetrockner der U. S. A. mit innenliegendem Gebläse.

3. Sturtevant, London[1]. a) Eintritt an der einen Längsseite aus einem Kanal, Austritt an der entgegengesetzten Seite.

b) Gebläse, welches die Luft hineindrückt und gleichzeitig einen Teil der Abluft aus dem Umluftkanal wieder ansaugt.

c) Vor das Gebläse ist ein Heizkörper gesetzt.

d) An den Eintrittskanal sind drei Leitungen angeschlossen, die entsprechend von drei Gebläsen bedient werden, eine für warme, trockene Luft, eine für kalte, trockene Luft und eine für feuchte Luft. In die erste Leitung ist ein Heizkörper eingeschaltet, die zweite saugt aus dem Freien, die dritte kann aus der Abluftleitung oder mit Frischdampf gespeist werden. Temperatur und Feuchtigkeit der Luft im Eintrittskanal werden durch Mischung aus diesen drei Leitungen geregelt. Um nicht lange probieren zu müssen, hat die Herstellerfirma für eine

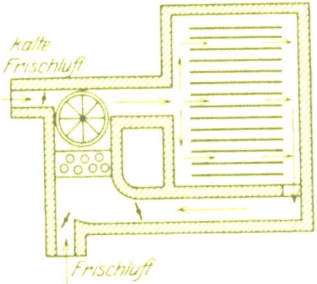

Abb. 21. Trockenanlage System Sturtevant.

Reihe von Holzsortimenten Arbeitsdiagramme hergestellt, auf welchen lediglich für die drei Zuleitungen der Stand der Klappen oder Schieber angegeben ist. Diese werden von einem gemeinsamen Schaltbrett bedient. Es wird jeweils das zugehörige Arbeitsdiagramm vom Betriebsleiter an das Schaltbrett gehängt. Bei Großanlagen mit mehreren Kammern arbeiten die einzelnen Gebläse jedes für sich auf eine Rohrleitung, von der aus eine besondere Zuleitung nach dem Mischkanal jeder einzelnen Kammer geht. Für Anlagen mit nur 1 oder 2 Kammern ist diese Ausführung jedoch sehr umständlich.

---

[1] Blake, E. G.: The Seasoning and Preservation of Timber. S. 38. London 1924.

54 Die künstliche Trocknung in der Kammer mit Luft als Trockenmittel.

4. „Normtrocknung". System Heinr. Schultz (Rietschel & Henne-bei

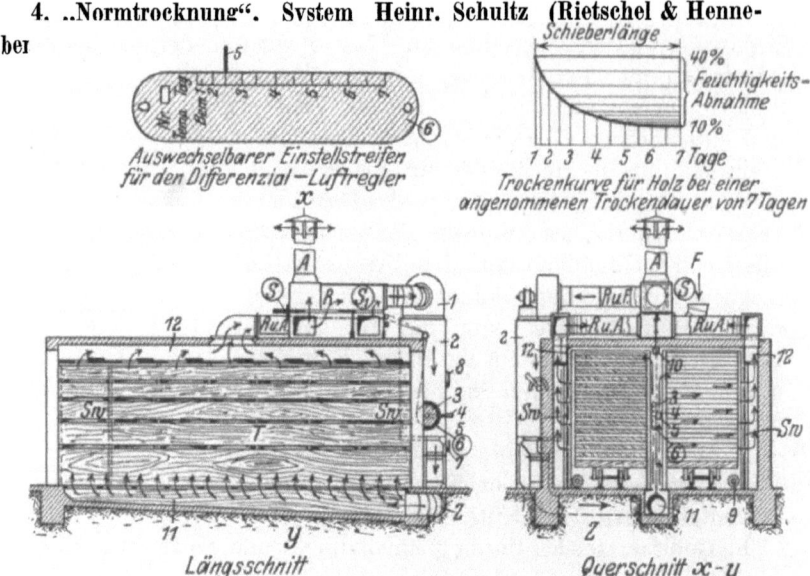

Abb. 22a. Normtrocknung System Heinrich Schultz.

durch mechanische Luftumwälzung unter Benutzung einer Mischung von feuchter Rückluft aus der Kammer und trockener Frischluft aus dem Freien unter allmählicher Absenkung des Feuchtigkeitsgehaltes der Luft in der Kammer vor sich. Von der vorher behandelten Ausführung unterscheidet sich die nlage dadurch, daß statt dreier entilatoren und Klappen ein emeinschaftliches Gebläse ver-endet wird, und vor allem, aß die Regelung der Luftfeuch-gkeit durch eine für Rück-, risch- und Abluftleitungen ge-einsame Einstellvorrichtung, en Differenzialluftregler, der bei inhaltung einer stets gleich roßen Gesamtluftmenge den rockengang rein mechanisch ach vorher festgelegten für die erschiedenen Holzarten und tärken auswechselbaren Ein-ung der Trocknung muß natür-iren, eine kurzfristige Dämpfung

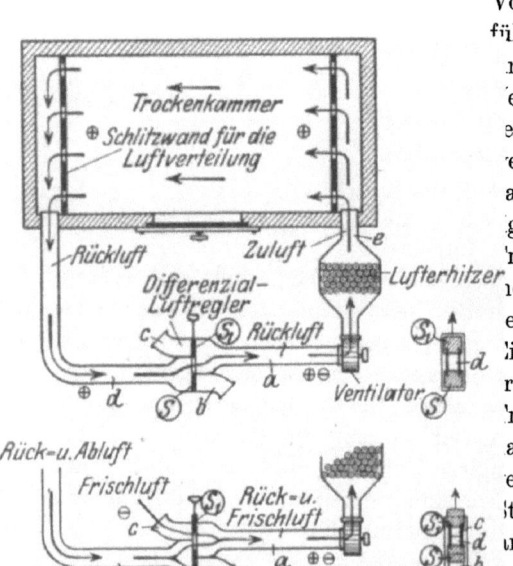

durch Öffnen einer Dampfdüse in der Trockenkammer bewirkt werden. Auf der vorher erwähnten Einstellskala befindet sich auch neben der Nullstellung des Stellzeigers der entsprechende Zeitvermerk für die vorzunehmende Dämpfung, sowie die Temperaturhöhe für die Materialanwärmung und die darauf folgende Trocknung.

5. Kammer mit natürlichem Zuge (amerikanische Bauweise nach Thelen[1]. a) Lufteintritt aus einem Kanal im Boden, Austritt seitlich durch Löcher in verschiedenen Höhen.

b) Saugzug durch Schornstein, in welchen die Austrittsöffnungen leiten.

c) Heizschlange im Boden, durch welche die frische Luft hindurchsteigen muß, um zum Holz zu kommen.

d) Die relative Feuchtigkeit wird dadurch geregelt, daß ein Teil der Luft an Stelle durch die Austrittsöffnungen zu entweichen, in Seitenkanäle an den Wänden herabsinkt und von dort wieder zum Heizrohrsystem gelangt. Diese Zurück-

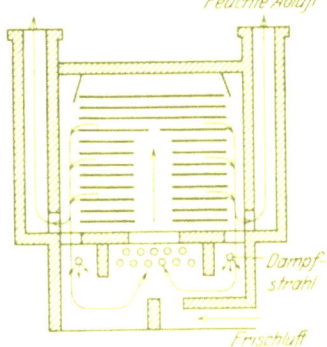

Abb. 23. Kammer mit natürlichen Zuge nach Thelen.

führung und gleichzeitig die weitere Zuführung von Feuchtigkeit wird durch Dampf bewirkt, welcher aus Rohrleitungen in der Strömungsrichtung der Luft austritt. Diese Einrichtung bewirkt also auch eine gewisse Querumwälzung der Luft. Im allgemeinen aber richtet sich die Geschwindigkeit der Durchströmung der Luft durch die Kammer nach dem Zug im Schornstein, und dieser ist wieder abhängig von dem Unterschied der Gewichte der abziehenden feuchten warmen Luft und der Außenluft sowie vom Winde. Der Betrieb dieser Anlage wird also in hohem Maße vom Wetter beeinflußt.

6. Kammer mit Wassereinspritzung (Tiemann Water spray Humidity regulated Dry kiln) (amerikanische Bauweise nach Tiemann)[2] gleicht im allgemeinen der

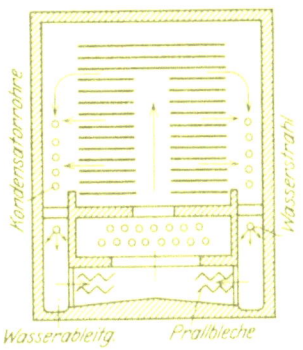

Abb. 24. Kammer mit Wassereinspritzung (und Kondensatorrohr) nach Tiemann.

vorigen. Nur wird die Zuleitung der Abluft zu den Heizschlangen nicht durch Dampfstrom, sondern durch Wasserrieselung gefördert. Da das Wasser je nach seiner Temperatur auch die Luft abkühlt, und einen Teil des Dampfes kondensiert, so nähert sich diese Anlage damit

---

[1] Thelen: Kiln Drying handbook. S. 73.
[2] Tiemann: The Theory of Drying. U. S. Bull. Dep. Agr. **609** (1917).

dem unter 2 beschriebenen System (Tiemann, The kiln drying S. 192).

7. Kammer mit Saugluft. Ihr besonderes Kennzeichen ist, daß die Luft durch Ventilatoren abgesaugt wird. Die Einströmung erfolgt an beliebiger Stelle. Dieses System hat den Nachteil, daß infolge des stets vorhandenen geringen Unterdrucks die Luft durch jede noch so kleine Undichtigkeit, z. B. an den Türen einströmt, daher die Temperatur in der Kammer ungleichmäßig wird.

8. Kammer mit Kondensation[1] gleicht im allgemeinen den Anlagen unter 2 und 6. Nur sind an den Seitenwänden Kühlrohre zur Kondensation des Dampfes angeordnet. Die Kondensation, welche bei dem System 2 vor dem Gebläse liegt, ist also hier in die Kammer selbst verlegt und dient gleichzeitig dazu im Verein mit etwaigen Blasrohren die seitliche Umwälzung der Luft zu unterstützen (Anordnung siehe Abb. 24). Der Kondensator verlangt ziemlich viel Kühlwasser, denn es muß ja nicht nur der Dampf kondensiert werden, sondern auch die latente Wärme der Luft aufgenommen werden.

9. Kammern nach Daqua und Kiefer. a) Einströmung unten aus einem längslaufenden Kanal, Ausströmung oben.

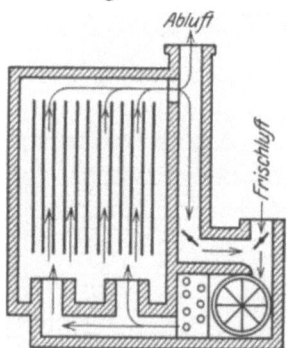

Abb. 25. Kammern nach Daqua und Kiefer.

b) Eindrücken der Luft durch Gebläse, Austritt durch Ventilationsschächte, unterstützt durch deren Saugwirkung.

c) Zwischen Gebläse und Kammer ist ein Heizapparat eingebaut.

d) Der Ventilator saugt einen Teil der feuchten Abluft an. Weiter nötige Feuchtigkeit wird durch Dampfeinlaß zugeführt.

10. Kammer mit Luftumwälzung. Bei den im vorigen besprochenen Anlagen bläst die Luft hauptsächlich in einer Richtung durch die Kammer. Querumwälzung und damit gleichmäßigere Verteilung der Temperatur und Feuchtigkeit kann bis zu einem gewissen Grad durch die Art der Stapelung bewirkt werden. Um sie zu unterstützen, setzt man neben die Wagen Bretter, welche die Luft in die Stapel auf den Wagen hineinleiten. Bei den besseren Ausführungen wie Schultz und Kiefer ist auch eine Längsumwälzung der Luft gegeben. Allerdings kann man die Ansaugung eines Teiles der Abluft und ihre Wiedereinführung nicht eigentlich als Umwälzung ansehen. Ihr Zweck ist hauptsächlich einen Teil der in der Abluft enthaltenen Wärme weiter auszunutzen. Doch ist der Vorteil gering, da ja die Kondensatoren zu ihrem Betriebe auch Kraft und Wärme gebrauchen.

---
[1] Tiemann, H. D.: The Kiln Drying of Lumber **1920**, 195.

Jede Umwälzung verursacht Kosten, denn Bewegung kann nur durch Kraft geschaffen werden. Bei natürlichem Zuge wird die Kraft durch die Gewichtsdifferenz zwischen warmer und kalter, trockener und feuchter Luft geliefert, die wiederum durch einen über die zum Verdunsten des Wassers nötige Menge hinausgehenden Mehrverbrauch an Wärme beschafft werden muß. Demgegenüber spielen die Kosten für eine innere Umwälzung der Trockenluft durch rein mechanische Mittel keine große Rolle. Die Zufuhr oder Abfuhr der Luft zur Kammer, die Erwärmung und die Regelung der Feuchtigkeit können in jeder der im vorigen geschilderten Weisen ausgeführt werden, und so ergeben sich auch für die Kammer mit Luftumwälzung die verschiedensten Formen. Man wird selbstverständlich solche Formen anstreben, die in Konstruktion und Betrieb möglichst einfach und übersichtlich sind. Infolgedessen wird

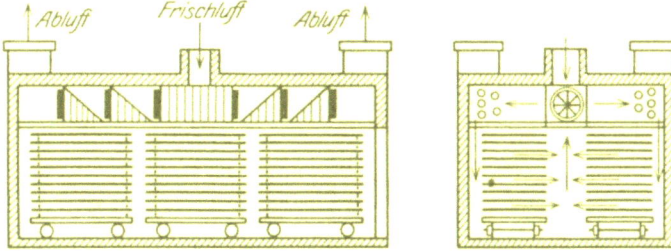

Abb. 26. Kammern mit Umlaufzellengebläse nach Schilde (Hersfeld).

man z. B. die Zu- und Ableitung der Luft möglichst von den gleichen Organen ausführen lassen, die die Umwälzung bewirken. In den amerikanischen Ausführungen des Forstdienstes hat man zwar auch eine innere Querumwälzung angestrebt. Wo die Heizschlangen unten liegen, entwickelt sich eine solche von selbst, wenn auch nur in beschränktem Umfange. Die erwärmte Luft steigt, sie nimmt aus dem Holz Feuchtigkeit auf, wobei sie sich gleichzeitig abkühlt. Da die Abkühlung stärker als die Feuchtigkeitsaufnahme auf das Gewicht wirkt, so kommt der aufsteigende Luftstrom bald zum Stillstand, und die Umwälzung wird schwach und unregelmäßig. Tiemann[1] betont mit Recht, daß man bei natürlichem Zuge sehr sorgfältig und gleichmäßig stapeln muß. Bei innerer Umwälzung durch Ventilatoren läßt sich sehr viel größere Gleichmäßigkeit von Temperatur und Feuchtigkeit auch zwischen dem Holz ohne Schwierigkeit erzielen.

1. Sutcliffe, Manchester, baut waagerechte Ventilatoren mit geneigten, gewölbten Flügeln, in einen Boden über der Trockenkammer ein, der von dieser durch einen Lattenrost abgetrennt ist. Der Wirkungsgrad dieser Anordnung ist gering.

---
[1] Tiemann, Kiln drying, p. 156.

58 Die künstliche Trocknung in der Kammer mit Luft als Trockenmittel.

2. Schilde, Hersfeld, verteilt die Ventilatoren auf eine Achse in der Längsrichtung der Kammer. Sie saugen die Luft von einer Seite (der Eintrittsseite) an und werfen sie nach der andern Seite und gleichzeitig in der Kammerachse etwas nach vorn. Im Trockenkanal ist die Vorwärtsbewegung so groß, daß die Luft schraubenförmig durch ihn hindurchgeht. Bei richtiger Wahl der Flügelsteigung und Größe wird eine sehr gleichmäßige Abwandlung der Verhältnisse von einem zum andern Ende erzielt. Die Ventilatorenreihe wird je nach den besonderen Umständen in der Decke, im Boden oder irgendwo an der Seite eingebaut. Der erste Ventilator der Reihe ist gewöhnlich mit der Eintrittsöffnung für frische Luft verbunden und drückt diese in die Kammer hinein, während der letzte Ventilator ähnlich die gesättigte verbrauchte Luft auswirft. Die Luftmenge wird durch Einstellung der Klappe an Ein- und Austritt geregelt.

Die Kammer mit Umwälzung ist also nicht, wie die mit natürlichem Zuge, darauf angewiesen, daß zwischen Eintritts- und Austrittsöffnung ein Gefälle von Temperatur und Feuchtigkeit vorhanden ist. Ihre Trocknungswirkung ist in allen Teilen gleich. Die abgeführte Luft kann über einen Kondensator wieder zum Eintrittsventilator geleitet werden. Die Heizbatterien können an jeder beliebigen Stelle in den Kreislauf eingebaut werden. Zum Dämpfen des Holzes wie auch zur schnellen Erhöhung der Feuchtigkeit der Luft kann Frischdampf eingelassen werden.

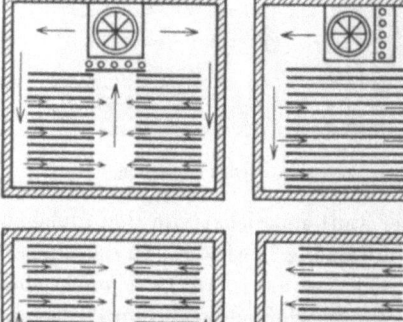

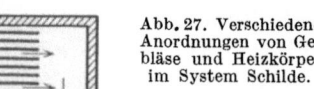
Abb. 27. Verschiedene Anordnungen von Gebläse und Heizkörper im System Schilde.

Dem, welcher nicht mit theoretischen Entwickelungen genügend vertraut ist, macht besonders der Unterschied zwischen „Umwälzung" und „künstlichem Zuge" Schwierigkeit. Bei dem „künstlichen Zuge" wird eine gegebene Luftmenge an einer Stelle in die Kammer gebracht und an einer andern abgeführt. Nur bei sorgfältig angepaßter Stapelung des Holzes ist eine einigermaßen gleichmäßige Bestreichung des Holzes mit dieser Luft möglich. Stets muß das bestimmte Luftquantum als isoliertes Individuum die ganze Stufe in Feuchtigkeit und Temperatur zwischen

Ein- und Austritt durchschreiten. Bei der Umwälzung dagegen wird immer nur eine kleine Teilmenge Luft in die Kammer eingelassen, wo sie sich sofort mit der großen Menge der darin befindlichen Luft mischt und z. B. deren Relativfeuchtigkeit etwa von 80% auf 78% herabsetzt. Wenn diese Mischung sorgfältig ausgeführt wird, so kann also nie eine größere Spanne zwischen Ein- und Austritt erfolgen. Es ist auch nicht das individuelle frisch eingetretene Quantum Luft, das die Kammer wieder verläßt, sondern immer nur ein Überschuß der Mischung in der Kammer, in welchem sich jeweils vielleicht nur 1 oder 2% der „Frischluft" befinden. Das, was in einer Sekunde eingetreten ist, verläßt vielleicht in feinster Verteilung in einer Viertelstunde die Kammer. Da auf diese Weise niemals größere Unterschiede im Feuchtigkeitsgehalt der Luft eintreten, so kann also auch trotz großer Umwälzungsgeschwindigkeiten nie größere Ungleichförmigkeit im Trocknen vorkommen.

D. Trockenanlagen für Furniere.

Furniere werden natürlich getrocknet, indem sie auf Trockenböden für mehrere Monate aufgehängt werden. Die Temperatur dieser Böden beträgt 25—30° C, die relative Feuchtigkeit 50—60%. Um das jederzeit zu erreichen, sind sie mit Heizung und Einrichtungen zur Durchlüftung versehen. Die Furnierblätter werden etwa 2—3 cm voneinander entfernt gehängt, so daß die Luft zwischen ihnen gut hindurchstreichen kann.

Für die künstliche Trocknung sind verschiedene Einrichtungen in Gebrauch. 1. Trockenkammer. Die Furniere werden in besondere Wagen, ähnlich wie im Trockenboden mit geringem Abstand voneinander mittels Bügelklammern oder Rollenklammern aufgehängt.

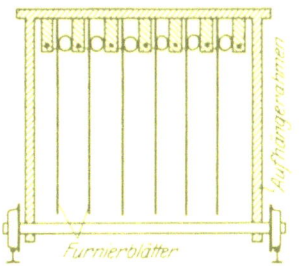
Abb. 28. Wagen zur Trocknung von Furnieren und Rollenklammern.

Da mit der Trocknung die Sprödigkeit zunimmt, so leiden die Furniere leicht durch die bei der Verarbeitung auftretenden Beanspruchungen. Die Trocknung darf daher nicht zu weit getrieben werden. Auch muß für möglichste Gleichmäßigkeit gesorgt werden, sonst werden die Blätter beulig und wellig; und es ist wochenlanges Hängen in die freie Luft zum Ausgleich nötig. Als Trockenzeit für Mahagoni wurde beobachtet: 1 mm stark 5 Minuten, 1,5 mm 20 Minuten, 3 mm 60 Minuten. Diese Zeiten passen sehr gut zu den Zeiten für die Trocknung stärkerer Dimensionen.

2. Bandtrockner. Die Transportbänder bestehen aus Kettengliedern.

Die Blätter werden auf ihnen durch den Trockenkanal hindurchgeführt, während ihnen die Luft entgegenströmt. Da die Luftmenge im Verhältnis zum Trockengut sehr groß ist, muß man zur Verhütung von Übertrocknen die relative Feuchtigkeit der Trockenluft möglichst nahe an der oberen Grenze halten. Die Geschwindigkeit der Durchführung durch die Kammer wird durch Einstellung der Walzen des Transportbandes geregelt.

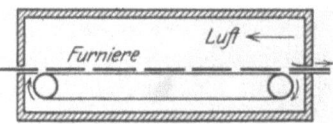

Abb. 29. Bandtrockner für Furniere.

3. Rollentrockner. Die Furniere werden an erwärmten Rollen aus Metall vorbeigeführt.

4. Die Furniertrockenpresse ist ähnlich ausgestaltet wie eine Sperrholzpresse. Auf kräftigen Ecksäulen sind eine Reihe hohler, durch Dampf beheizbarer Stahlplatten angebracht, zwischen welche die Furniere gelegt werden. Die Platten erwärmen die Furniere, dann werden sie leicht gehoben, und durchstreichende Luft nimmt die verdunstende Feuchtigkeit weg.

5. Der Atmungstrockner hat sich aus dem Plattentrockner entwickelt. Die Heizplatten werden automatisch in regelmäßigen Zwischenräumen voneinander entfernt und gesenkt, so daß wie bei einem Blasebalg die gesättigte Luft nach der Seite weggedrückt wird. Der Vorgang wird solange wiederholt, bis der gewünschte Trockenheitsgrad erzielt ist.

Der Kraftbedarf für eine kleine Anlage ist 3—4 PS, während für einen Band- bzw. Rollentrockner mit einer Leistungsfähigkeit von rund 600 m² gedämpfter Buchenholzschälfurniere von 3 mm Stärke etwa 25 PS anzusetzen sind.

IX. Bauteile.

a) Baustoff.

Eine Anzahl Bauelemente sind in jeder Holztrocknungsanlage wiederzufinden. Der Grundbestandteil jeder Anlage ist die Kammer (der Kanal). Diese soll Temperatur und Feuchtigkeit auf gleicher Höhe halten. Das erfordert einerseits möglichst geringe Wärmeleitung, andererseits Dichtigkeit. Von den zur Auswahl stehenden Baustoffen haben Metalle zwar große Dichtigkeit, aber zu hohe Wärmeleitung, müssen daher mit Isolierstoffen bekleidet werden. Auch leiden sie bei dem steten Wechsel von Feuchtigkeit und Trockenheit beim Trocknen durch Rost. Sie kommen für die Anlage von Holztrockenanlagen im allgemeinen nicht in Betracht. Ebenfalls wenig geeignet sind Haustein und Beton, da sie Wärme zu sehr leiten. Beton bekommt bei Temperaturschwankungen leicht Risse. Wegen seiner vorzüglichen Wärmeisolierung wird bei uns Ziegelstein beim Bau von Trockenkammern bevorzugt. Wenn besonders hohe Anforderungen an die Wirtschaftlichkeit gestellt werden, so werden die Wände mit Hohlsteinen oder als Doppelwand mit Luftisolierung gebaut. Die Wasseraufnahme wird durch guten dichten Zementputz innen und außen eingeschränkt. Auch der äußere Putz ist notwendig, da bei den wechselnden Temperaturen der Kammer sonst zu stark Feuchtigkeit aus der Außenluft aufgenommen wird. Stets sollten alle Innenflächen der Kammer und gemauerter Kanäle mit einem gut Wasser abweisenden Anstrich, etwa Asphalt, versehen sein.

Eine Berechnung der Wärmeverluste ist meist nur schwierig und ungenau. Wenn man etwa eine freistehende Kammer von 35 m Länge, 9 m Breite und 6 m Höhe nimmt, deren gesamte Oberfläche (einschließlich des Fußbodens) rund 730 m² ist und bei $+\,0°$ außen und $+\,60°$ C innen den stündlichen Wärmedurchgang für 1 m² Fläche mit 0,8 WE für 1° ansetzt, so bedeutet das einen Gesamtverlust von 36000 WE in der Stunde oder bei voller Beschickung mit etwa 400 m³ Holz rund 90 WE für 1 m³. Nehmen wir wieder Kiefer von 1 Zoll mit 400 kg spezifischem Gewicht und einer Wasserabgabe von 30 auf 12, das ist 18% in 24 Stunden, so macht das auf 1 kg Wasser 30 WE. Eine gemauerte Kammer mit Betondecke von 68 m³ Rauminhalt erforderte an einem kalten windigen Tage zur Aufrechterhaltung einer Innentemperatur von 80° C 47 kg Dampf in der Stunde. Das würde unter Zugrundelegung des vorigen Beispieles für 1 kg zu entfernendes Wasser etwa 550 WE oder fast 1 kg Dampf bedeuten. Die beiden Beispiele zeigen, wie wichtig eine gute Isolierung ist.

Ein idealer Baustoff hinsichtlich der Isolierungsfähigkeit ist Holz. Besonders wertvoll ist dieses für provisorische Trockenkammern, etwa bei Sägen im Walde. Selbstverständlich muß man solche Hölzer wählen, die wenig quellen und schwinden, etwa Fichte oder Kiefer. Man baut zweckmäßig als Blockhaus aus etwa 7 cm starken Balken mit Nut und Feder. Risse im Holz müssen gut überdeckt werden, da jede Undichtigkeit Wärmeverluste verursacht und die relative Feuchtigkeit in der Kammer stark herabsetzt. Die Isolierung gemauerter Kammern kann durch Isolierpappe mit vorgelegten Holzlagen noch weiter erhöht werden. Wenn die Anlage nur zum Dämpfen dienen soll, so genügen für einfache Fälle gemauerte Gruben oder aus Holz zusammengenagelte Kästen, für kleinere Holzstücken sogar ein Holzfaß. Metalle vermeidet man hier, da sie in Verbindung mit den aus dem Holze entweichenden organischen Säuren auf gerbsäurehaltigen Hölzern, wie Eiche, sehr unangenehme Flecken geben.

b) Geleise und Wagen.

Die Hölzer werden am besten in die Kammer auf Wagen eingefahren. Die Schienen im Boden müssen genügend häufig unterschwellt sein und ein kräftiges Profil haben. 75 mm Höhe und 12—14 kg Gewicht für das laufende Meter sind in den meisten Fällen passend. Die Spurweite wählt man nicht zu klein, am besten 1 m. Bei 60 cm Spur kippen hochbeladene Wagen leicht. Die Radachsen der Wagen sollen in Rollenlagern (nicht Kugellagern) laufen und mit guten Schmiereinrichtungen versehen sein. Sie sollen aus gehärtetem Stahl bestehen, damit man möglichst kleinen Durchmesser wählen kann, um große Ausnutzung der Kammer zu ermöglichen. Auch laufen sich solche Räder nicht so schnell ein wie gewöhnliche und geben daher geringeren Widerstand beim Bewegen. Die Achsen sollen reichlich stark gewählt werden, damit sie sich auch unter schwererer Last nicht biegen. Von Amerika[1] ist in letzter

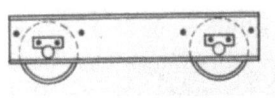

Abb. 30. Rollbock.

Zeit der Rollbock herübergekommen. Dieser besteht aus zwei Rädern mit hohem Laufkranz, die zwischen zwei kräftige Eisen eingespannt sind. Zwei oder drei solcher Rollböcke werden durch querübergelegte Balken oder Schienen verbunden und auf diesem Gestell dann die Last aufgebaut. Rollböcke sind besonders geeignet dort, wo das Holz breit in die Trockenkammer eingeführt wird und über mehrere Gleise herüberreicht. Eine andere in Amerika seit etwa 20 Jahren erprobte Einrichtung ist die senkrechte Stapelung von Brettern. Sie ist vorteilhaft in Trockenkammern, in denen die Luft nicht durch besondere Einrichtungen quer umgewälzt wird und von unten der Kammer zuströmt. Die Konstruktion der Wagen und das Beladen sind natürlich etwas teuer und umständlicher als bei gewöhnlichen Plattformwagen.

c) Türen.

Die Türen für Ein- und Ausfahrt dürfen sich bezüglich Wärmedurchgang nicht wesentlich von den Wänden unterscheiden. Man vermeidet daher Metall. Holz gibt eine vorzügliche Isolierung bei nicht zu hohem Gewicht. Wenn man will, kann man die Isolierung noch durch Asbestplatten und dergleichen verstärken. Die Türen müssen absolut dicht halten und doch leicht beweglich sein. In Angeln drehbare Türen sind heute nur selten in Gebrauch. Meist verschiebt man sie seitlich in oberen und unteren Rollen. In Amerika ist die Konstruktion von Türen für Trockenkammern zu einer besonderen Spezialität ausgebildet worden,

---

[1] Tiemann, H. D.: The Kiln Drying of Lumber **1920**, 171. — The Standard Dry Kiln Co.: Softex, 1927.

doch genügen gewöhnliche Schiebetüren, wenn sie nur sorgfältig ausgeführt sind und gut gepflegt werden, allen berechtigten Anforderungen.

d) Heizeinrichtungen.

Der Hauptsache nach kann man unterscheiden a) Heizung der Trockenkammer selbst und b) Anwärmung der in die Kammer einzuführenden Luft. Für die zweite Form wird die Luft teils in besonderen vor der Trockenkammer in die Zuführungsleitung eingebauten Apparaten, teils in Verbindung mit der ersten Ausführungsform in besonderen Abteilungen der Trockenkammer erhitzt. Für die außenliegende Erwärmung gibt es die verschiedensten Systeme, und es ist nur eine Frage der Kosten, ob man z. B. die Luft durch gemauerte Heizkammern führt oder durch mit Dampf oder Elektrizität betriebene Heizkörper. Man muß also die verursachten Kosten der Heizanlage, ihren Wirkungsgrad und den Widerstand, den sie dem Durchströmen der Luft entgegensetzt, kennen.

Wird die Luft in der Kammer erwärmt so ist meist im Boden oder der Decke oder an der Seite ein Teil der Kammer von dem eigentlichen Trockenraum durch Zwischenwände abgesondert. Die Luft tritt in ihm frisch von außen oder bei Umwälzung in der Kammer vom Holz aus unter ein System von Heizkörpern und gelangt, nachdem sie durch dieses hindurchgegangen ist, wieder in den Trockenraum. Als Heizkörper dienen einfache Schlangen, Rohrbündel oder Rippenrohre. Wenn einzelne Stellen der Anlage besonders betont werden sollen, so erhalten sie für sich regulierbare Heizkörper. Wenn die Heizung Dampf mit höherer Spannung, Frischdampf erhält, so vermeidet man gußeiserne Heizkörper mit ihren zahlreichen Flanschen und wählt schmiedeeiserne Rippenrohre mit geschweißten Verbindungen. Die Abbildungen 27 a—e zeigen verschiedene Möglichkeiten für die Anordnung solcher Heizkörper in der Trockenkammer. Man rechnet etwa 0,5 m Oberfläche für 1 m³ Raum.

Luft und Holz können in der Kammer natürlich auch direkt durch Dampf erwärmt werden. Dampf und Luft müssen vor dem Auftreffen auf das Holz gleichmäßig durchmischt sein. Die Leitungsrohre für den Dampf sollen nicht verzinkt sein, denn die aus dem Holze entweichenden organischen Säuren erzeugen zwischen Eisen und Zink elektrische Ströme, so daß solche Rohre schnell korrodieren. Am besten sind gewöhnliche gezogene eiserne mit gutem Asphaltlack gestrichene Rohre. Je größer die Kammer, desto wichtiger ist die gleichmäßige Verteilung der Heizkörper. Etwaige besondere Gruppen müssen unabhängig von der eigentlichen Heizanlage einstellbar sein. Gefälle, Entwässerung usw. sind nach den allgemeinen Grundsätzen des Maschinenbaues zu wählen. Auch muß die Heizanlage in allen Teilen gut zugänglich sein. Für die

Berechnung findet man genügende Unterlagen in jedem Handbuch der Lüftung und Heizung, z. B. dem von Rietschel, besonders aber in dem kleinen Buche von Hausbrandt „Das Trocknen mit Luft und Dampf", S. 86/87, 5. Auflage. Für elektrische Erwärmung diene als Anhalt, daß in eine kürzlich gebaute Trockenkammer von 40 m³ Inhalt 5 Heizkörper mit 60 Kilowatt Anschlußwert eingebaut wurden, welche Temperaturen bis 48° gaben. Wenn man annimmt, daß die Kammer etwa 10 m³ Holz enthält, daß aus diesem 10 m³ rund 40% Wasser, insgesamt also 2400 kg Wasser abzuführen sind, und daß die Trocknung in 48 Stunden erfolgen soll, so ergibt das für die Stunde 50 kg Wasser, für welche 125 kg Dampf gleich etwa 80000 WE aufzuwenden sind. Der angenommene Anschlußwert ist also reichlich. Der Betrieb dürfte sehr viel teuerer sein als mit gewöhnlicher Dampfheziung.

e) Die natürliche Luftbewegung[1]

wird in der Regel mit der Heizung kombiniert. Bei ihr haben wir zwischen den Leitungsorganen und den Beschleunigungseinrichtungen zu unterscheiden. Bei natürlichem Zuge wird die Bewegung durch den Gewichtsunterschied zwischen warmer und kalter, feuchter und trockner Luft bewirkt, und es müssen daher Schornsteine und Abzugsschächte von solcher Höhe vorhanden sein, daß ein genügend starker Druckunterschied entsteht. Bei kühler trockener Außenluft genügt schon die Freigabe von Austrittsschlitzen in den Wänden und im Dach. Damit die Luft in langen Kammern dem Holze möglichst gleichmäßig zuströmt, führt man sie in gemauerten Kanälen unter dem Boden der Kammer entlang, von denen sie durch einzelne auf die ganze Länge des Kanals verteilte Öffnungen nach oben durchtreten kann. Die Heizschlangen liegen bei dieser Bauweise gewöhnlich unmittelbar über dem Kanal, so daß die Luft vor dem Eintritt in den eigentlichen Trockenraum durch sie hindurchströmen muß. In allereinfachster Form besteht die Lüftungseinrichtung aus einer Klappe zum Einlaß und einer solchen zum Auslaß. Der Auslaß mündet häufig in einem Schornstein. Die erforderliche Luftgeschwindigkeit wird nach irgendwelchen Erfahrungssätzen angenommen. Der Widerstand wird auf Grund der Konstruktion und der Beschickung als bekannt vorausgesetzt. Der Berechnung des Schornsteins muß das Gewicht der Luft in ihrem leichtesten Zustande zugrunde gelegt werden; denn der Schornstein soll auch bei ungünstigen Verhältnissen draußen noch ziehen. Für Temperaturen in der Kammer von 50—70° und eine geforderte Luftgeschwindigkeit von 5 m ergeben sich Schorn-

---

[1] Hausbrand: Das Trocknen mit Luft und Dampf. 5. Aufl. — Schule: Theorie der Heißlufttrockner. Berlin 1920. — Rietschel: Leitfaden für Lüftungs- und Heizungsanlagen. — Hirsch, M.: Die Trockentechnik. 1927. — Höhn, E.: Beitrag zur Theorie des Trocknens und Dörrens. Z. V. d. I. **1929**.

steinhöhen von 13—22 m, für eine angenommene Außentemperatur von 10° z. B. als günstigste Höhe 15 m, für 20° 17 m. Bei niedrigeren Temperaturen in der Kammer wird jedoch die Geschwindigkeit und der Zug ungenügend, oder man kommt zu unmöglichen Abmessungen für den Schornstein.

f) Künstliche Luftbewegung.

Um von der Umwelt unabhängig zu sein, nimmt man in neuzeitlichen Anlagen Ventilatoren. Diese können (Schleuder-) Gebläse oder Flügelventilatoren sein. Sie können auf Zug oder auf Druck arbeiten. Da abgesehen von etwaigen Verlusten durch Undichtigkeiten die Menge der zugeführten Luft gleich der der abgeführten ist, da ferner der Dichtigkeitsgrad sich nur in verhältnismäßig engen Grenzen ändert, so genügt ein Gebläse an einer Seite. Den durch den Betrieb nötigen Änderungen in der Menge der zu bewegenden Luft kommt man mit Änderung der Umdrehungszahl nach. Die Ventilatoren haben besondere Bedeutung in Verbindung mit dem Umwälzverfahren. Sämtliche Ventilatoren einer Kammer werden auf eine Achse aufgesetzt. Der erste Ventilator, welcher in einer Öffnung der Wand an der Eintrittsseite der Luft sitzt, saugt die Luft an und drückt sie in die Kammer, die weiteren wälzen um, und der letzte kann zur Rückleitung oder zum Auswerfen der Luft dienen. Die Weiterbewegung der Luft in der Längsrichtung und die Umwälzung hängt wesentlich von der Form und Steigung der Schraubenflügel ab. Als Luftgeschwindigkeit wählt man etwa 8—10 m, als Durchmesser 200—1000 mm und als Umdrehungszahl 2500—500. Der Kraftbedarf ist selbst für große Ausführungen unbedeutend und übersteigt für einen Ventilator nicht 2 PS.

Für die Einführung der Luft dienen in vielen Systemen Schleudergebläse. Diese gestatten wegen der Einkapselung der die Luft beschleunigenden Schaufeln beträchtlich höheren Druck. Solche Gebläse können in genau gleicher Weise auch saugend arbeiten, doch wird das heute selten gemacht. Bei Druckbetrieb setzt man den Erhitzer zwischen Gebläse und Kammer. Die Gebläse haben bei gleicher Leistung wie Ventilatoren Durchmesser von 400—1500 mm und Umdrehungszahlen zwischen 550 und 150 bei einem Druck von 10 mm Wassersäule, von 2500—650 bei einem solchen von 200 mm. Der Kraftbedarf steht in angenähertem Verhältnis zum Druck, ist also für einen Druck von 10 mm Wassersäule fast gleich dem der entsprechenden Ventilatoren und steigt bei 200 mm Druck bis auf 30 PS für die größten Ausführungen. Zu hohe Drucke vermeidet man in der Kammer, da die Luft stets die Wege geringsten Widerstandes wählt und sich infolgedessen, je höher der Druck steigt, desto mehr tote Winkel herausbilden. Da jedes Gebläse die Luft in einem mehr oder minder engen Kegel ausstößt, so müssen, wenn eine genügende Verteilung erzielt werden soll, Leittafeln für die Luft eingebaut werden.

g) Einrichtungen zur Regelung der Feuchtigkeit.

Es muß die Möglichkeit bestehen, sowohl der Luft Feuchtigkeit zuzuführen, als auch ein Zuviel aus ihr abzuscheiden. Hier sollen nur die besonderen Einrichtungen dazu besprochen werden. Maßnahmen betriebstechnischer Art, wie der Einlaß trockener Luft oder die Abführung feuchter Luft gehören zu den Aufgaben der Betriebsführung, die ohne besondere Apparate jederzeit ausgeführt werden können. Die Zuführung von Feuchtigkeit geschieht bei uns meist durch direkten Einlaß von Dampf in die Kammer. Man kann auch einfach die Luft über mit Wasser gefüllte Gefäße streichen lassen. Nach dem Verfahren von H. Schultz wird die aus dem Holze gewonnene Feuchtigkeit zur Regelung der Luftfeuchtigkeit benutzt, indem der Frischluft feuchte Abluft zugesetzt wird. In Amerika hat man Einrichtungen mit Sprühwasser ausgebildet. Zu hohe Feuchtigkeit kann der Ware selten schaden, z. B. durch Verschimmeln. Sie beeinträchtigt höchstens die Wirtschaftlichkeit, z. B. durch Verzögerung der Trocknung. Dagegen schädigt zu geringe Feuchtigkeit die Ware sehr, und es sollte daher jede Trockenanlage Einrichtungen zur schnellen Zufuhr von Feuchtigkeit an verschiedenen Stellen besitzen. Am besten setzt man Dampf zu, und war dort, wo die Luft unmittelbar in den Bereich der Umwälzungsorgane tritt, da dort für schnelle und gute Durchmischung gesorgt ist. Wasser ist weniger gut: es muß völlig verdampfen, bevor der Luftstrom das Holz trifft. Die Anfeuchtung durch Dampf ist billiger, konstruktiv einfacher und auch gleichmäßiger. Ferner ist sie auch wegen der Möglichkeit des Dämpfens zweckmäßiger. In amerikanischen Anlagen leitet man den Dampf- oder Wasserstrahl so, daß (siehe Abb. 24) er die Trockenluft in bestimmter Richtung mitnimmt und so die Umwälzung unterstützt. Das ist der Grundgedanke des Improved Waterspray Humidity Regulated Dry Kiln, der verbesserten Trockenkammer mit durch Wassereinspritzung geregelter Feuchtigkeit, die in Amerika als der Gipfelpunkt der Konstruktion von Trockenanlagen angesehen wird. Vom Standpunkt der Wirtschaftlichkeit aus ist das jedoch keineswegs der Fall. Unsere mit Umluft arbeitenden Anlagen sind sowohl im Bau wie im Betrieb bedeutend günstiger.

Die Beseitigung des überschüssigen Wassers aus der Luft erfolgt nach amerikanischem Vorbilde durch Kondensation. Oberflächenkondensatoren, von denen jedes neuzeitliche System benutzt werden kann, werden in die Ableitung vor dem Gebläse, welches die nasse Luft ansaugt und nachher wieder über die Heizkörper in die Kammer einführt, eingebaut. Je nach der Temperatur des durch die Röhre fließenden Kühlwassers wird die Luft auf bestimmte Temperatur abgekühlt und gibt das bei dieser überschüssige Wasser ab. Ein Teil der in der Abluft vorhandenen Wärme kann also wieder ausgenutzt werden. Wenn etwa die Luft die Kammer mit 50° verläßt und im Kondensator auf 35° abgekühlt wird, so bedeutet das an Tagen mit einer Außentemperatur von 10° einen Rückgewinn entsprechend 25°. Hiervon sind aber die Kosten für die Einrichtung und den Betrieb des Kondensators abzuziehen. In der Kammer benutzt man die zur Anfeuchtung dienenden Sprührohre nach Bedarf als Einspritzkondensatoren, indem man die Temperatur des Einspritzwassers so niedrig hält, daß die in den Bereich des Strahles kommende Luft unter ihren Taupunkt abgekühlt wird. Auch hier kann durch entsprechende Wahl der Temperatur bewirkt werden, daß die Luft, wenn sie wieder in die Heizschlangen tritt, eine hinreichend genau bemessene Menge an Wasser besitzt, die bei der nun folgenden Erwärmung einen genau einstellbaren relativen Feuchtigkeitsgehalt ergibt. Das gegenseitige Anpassen von Kondenswasser- und Heizschlangentemperatur macht auch hier den Betrieb ziemlich umständlich, so daß auch diese Einrichtung in Deutschland keine Nachahmer gefunden hat.

h) Kontrollapparate.

Die wichtigsten Apparate für die laufende Kontrolle sind Thermometer und Feuchtigkeitsmesser. Mitunter findet man auch Windmesser. Wo die Luftbewegung durch mechanische Einrichtungen bewirkt wird, kann sie viel zuverlässiger aus der Umdrehungszahl festgestellt

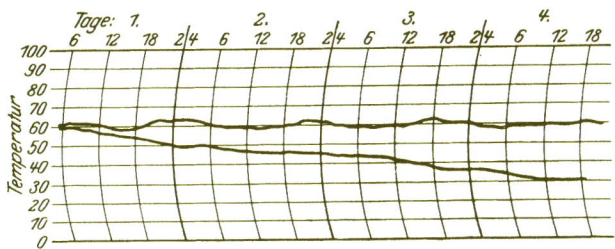

Abb. 31. Diagrammblatt des Psychrometers. Die Raumtemperatur ist etwa 60° C gewesen, die Temperatur des „feuchten" Thermometers ist von 60° auf 30° gesunken. Aus der Psychrometertafel ergibt sich, daß die relative Feuchtigkeit von 100° bis auf 11% abgenommen hat.

werden. Die Feststellung der Geschwindigkeit der Luft an den einzelnen Stellen der Kammer ist dagegen sehr schwierig, und noch schwieriger ist es, aus solchen Messungen für den Betrieb wichtige Ableitungen zu machen. Das Thermometer muß den ganzen Bereich der in der Kammer möglichen Temperaturen zeigen, also von 0—110° gehen. Es genügt jedes einigermaßen genaue Instrument. Große Betriebe, welche die Ablesungen als Unterlagen für die Ermittlung von Wirtschaftsfragen usw. brauchen, benutzen Registrierthermometer; um den Vorgang vom Büro aus zu überwachen, nimmt man „Fernschreiber". Während in Amerika die Aufzeichnung auf Kreisblättern vorherrscht, ist in Deutschland die Trommel üblich. Bei ihr ist die Achse der Auftragung eine gerade Linie, so daß das Schaubild sehr leicht verständlich ist. Für den Betrieb kann man auch den umgekehrten Weg einschlagen und den gewünschten Arbeitsvorgang als Diagramm auftragen, das dem Trockenmeister als Anweisung dient. Solche Diagramme, für verschiedene Sortimente berechnet, sind vom Verfasser zu erhalten.

Feuchtigkeitsmesser bestehen in einfachster Form aus Fäden, die je nach der Feuchtigkeit ihre Längen ändern. Doch sind sie sehr ungenau. Für genaue Messungen nimmt man ein Psychrometer. Dieses

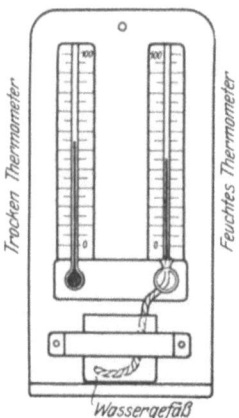

Abb. 32. Psychrometer.

besteht aus zwei Thermometern, deren eines trocken ist und deren anderes mit der Kugel in einen stets feucht gehaltenen Wattebausch eingesenkt ist. Das erste gibt die Temperatur des Raumes, das zweite eine infolge der Verdunstung des Wassers aus dem Wattebausch niedrigere. Der Bausch darf nicht zu groß und zu dicht sein, vor allem muß die Luft genügend geschwinde an ihm vorbeistreichen. Die Temperaturerniedrigung ist um so größer, je trockner die Luft ist, je mehr sie Wasser aufzunehmen vermag. Um die relative Feuchtigkeit ohne Rechnung aus den beiden Ablesungen schnell festzustellen, benutzt man ausgearbeitete Tabellen oder Diagrammblätter. Man muß darauf achten, daß die Watte am feuchten Thermometer nicht verschmutzt oder hart wird. Sie muß also von Zeit zu Zeit erneuert werden, weiter muß auch aus einem danebenstehenden Gefäß (Tasse usw.) durch einen Docht stets neues Wasser angesaugt werden können. Auch dieses Instrument kann mit Fernablesung und Selbstaufzeichnung verbunden werden. An Stelle des Quecksilberthermometers nimmt man auch elektrische Instrumente, doch sind diese noch sehr teuer und nicht so genau[1].

In Amerika ist man noch weitergegangen, und einige Konstrukteure verbinden sowohl Thermometer wie Psychrometer mit automatischer Bedienung der Ventile für Heiz- und Dampfleitungen. Wir können darin vorläufig keinen Vorteil sehen. Die Apparate sind sehr verwickelt und teuer. Auch machen sie die Überwachung nicht überflüssig, denn der Trockenvorgang ist nie für zwei Beschickungen genau gleich. Seine Leitung muß sich stets aus der Beobachtung des Trockengutes ergeben.

[1] Thelen: Kiln Drying handbook. S. 12 ff.

Automatische Bedienung der Trockenanlage kann höchstens für minderwertige Ware zugelassen werden.

Die Richtigkeit der Ablesungsergebnisse hängt in erster Linie von

Psychrometrische Tabelle.

	99	98	97	96	95	94	93	92	91	90	89	88	87	86	85	84	83	82	81	80	79	78	77	76	75
10	—	—	—	—	—	—	—	—	—	—	—	—	—	—	—	—	—	—	—	—	—	—	—	—	—
15	—	—	—	—	—	—	—	—	—	—	—	—	—	—	—	—	—	—	—	—	—	—	—	—	—
80	—	—	—	—	—	—	—	—	—	—	—	—	—	—	—	—	—	—	—	—	96	92	88	85	81
85	—	—	—	—	—	—	—	—	—	—	—	—	—	—	96	92	88	85	82	78	75	71	68	65	
90	—	—	—	—	—	—	—	—	—	96	92	89	86	83	79	76	72	69	66	63	61	58	56	53	
95	—	—	—	—	96	93	90	86	83	80	77	73	70	68	65	62	60	57	55	53	51	48	46	44	
100	96	93	90	86	83	80	77	74	71	69	66	63	61	58	56	54	52	50	47	45	43	42	40	38	36

	74	73	72	71	70	69	68	67	66	65	64	63	62	61	60	59	58	57	56	55	54	53	52	51	50
10	—	—	—	—	—	—	—	—	—	—	—	—	—	—	—	—	—	—	—	—	—	—	—	—	—
15	—	—	—	—	—	—	—	—	—	—	—	—	—	—	—	—	—	—	—	—	—	—	—	—	—
50	—	—	—	—	—	—	—	—	—	—	—	—	—	—	—	—	—	—	—	—	95	90	85	81	76
55	—	—	—	—	—	—	—	—	—	—	—	—	—	—	—	95	90	86	81	77	73	69	65	62	58
60	—	—	—	—	—	—	—	—	—	—	—	96	91	87	82	78	74	71	67	64	60	57	54	51	48	45
65	—	—	—	—	96	91	87	83	79	75	72	68	65	62	59	56	53	50	47	45	42	39	37	35	
70	96	92	88	84	80	76	73	69	66	63	60	57	54	51	49	46	44	41	39	37	35	33	31	29	27
75	77	74	71	67	64	61	58	55	53	50	48	46	43	41	39	37	35	33	31	29	27	26	24	23	21
80	62	60	57	55	52	50	47	44	43	41	39	37	35	33	31	30	28	26	25	23	22	21	20	18	17
85	51	49	47	45	43	41	39	37	35	33	32	30	29	27	25	24	23	21	20	19	18	17	16	15	14
90	42	40	38	36	35	33	32	30	29	27	26	25	23	22	21	20	18	17	16	15	14	13	13	12	11
100	35	33	32	30	29	27	26	25	24	22	21	20	19	18	17	16	15	14	13	12	12	11	—	—	—

	49	48	47	46	45	44	43	42	41	40	39	38	37	36	35	34	33	32	31	30	29	28	27	26	25
10	—	—	—	—	—	—	—	—	—	—	—	—	—	—	—	—	—	—	—	—	—	—	—	—	—
15	—	—	—	—	—	—	—	—	—	—	—	—	—	—	—	—	—	—	—	—	—	—	—	—	—
20	—	—	—	—	—	—	—	—	—	—	—	—	—	—	—	—	—	—	—	—	—	—	—	—	—
25	—	—	—	—	—	—	—	—	—	—	—	—	—	—	—	—	—	—	—	—	—	—	—	—	—
30	—	—	—	—	—	—	—	—	—	—	—	—	—	—	—	—	—	—	—	—	93	86	79	73	67
35	—	—	—	—	—	—	—	—	—	—	—	—	—	—	93	87	81	75	70	64	59	54	49	45	
40	—	—	—	—	—	—	—	—	94	88	82	77	72	67	62	57	53	48	44	41	37	33	30		
45	—	—	—	—	95	89	84	79	74	69	64	60	56	52	48	45	41	37	34	31	28	25	23	19	
50	95	89	85	80	75	71	66	62	58	54	51	47	44	41	37	34	31	29	26	23	21	19	16	14	12
55	72	68	64	60	56	53	49	46	43	40	37	35	32	29	27	25	23	20	18	16	14	12	—	—	—
60	55	52	49	46	43	40	37	34	32	30	28	26	24	22	20	18	16	14	13	11					
65	43	40	37	35	33	31	29	27	25	23	21	19	17	16	14	12	11	10	—	—					
70	33	31	29	27	25	23	22	20	18	17	16	14	13	12	10	—									
75	25	24	22	21	19	18	17	15	14	13	12	11	10	—											
80	20	19	18	16	15	14	13	12	11	10	—														
85	16	15	14	13	12	11	10	—																	
90	13	12	11	10	—																				
95	10	10	—																						
100	—																								

	24	23	22	21	20	19	18	17	16	15	14	13	12	11	10	9	8	7	6	5	4	3	2	1
10	—	—	—	—	—	—	—	—	—	—	—	—	—	—	—	88	77	65	55	44	34	24	14	5
15	—	—	—	—	—	—	—	—	—	90	80	71	61	53	44	36	28	20	12	5	—	—	—	—
20	—	—	—	—	91	83	74	66	59	51	44	37	30	24	18	12	—	—	—	—	—	—	—	—
25	92	85	77	70	63	57	51	45	39	33	28	22	17	12	—	—	—	—	—	—	—	—	—	—
30	61	55	50	45	40	35	30	25	21	17	13	—	—	—	—	—	—	—	—	—	—	—	—	—
35	40	36	32	28	24	20	17	13	—	—	—	—	—	—	—	—	—	—	—	—	—	—	—	—
40	26	23	20	17	14	11	—	—	—	—	—	—	—	—	—	—	—	—	—	—	—	—	—	—
45	17	14	12	—	—	—	—	—	—	—	—	—	—	—	—	—	—	—	—	—	—	—	—	—

Auf der vorstehenden Tabelle ist am linken Rande die Ablesung des Trockenthermometers, oben die des nassen gegeben. Der Kreuzungspunkt beider Reihen gibt die relative Feuchtigkeit. Für Zwischenwerte am Trockenthermometer nehme man die nächsthöhere Reihe und eine um gleichviel Grade nach rechts liegende Reihe des feuchten Thermometers. Also z. B. bei Ablesung von 62/43 nehme man die waagerechte Reihe 60 und die senkrechte 41 und findet so 32%.

der Anbringung der Instrumente ab. Diese müssen frei im Raum hängen, so daß sie voll von der durchströmenden Luft getroffen werden, aber auch nur von dieser erwärmt werden. Sie dürfen weder von strahlender Wärme (etwa aus Leitungen), noch von geleiteter (etwa durch Berührung mit den Wänden) beeinflußt werden. Wenn direkt durch Fenster abgelesen wird, muß z. B. durch isolierte Klappen dafür gesorgt werden, daß keine unnötige Abkühlung vom Fenster her erfolgt. In großen Anlagen sollten stets mehrere Instrumente an verschiedenen Stellen aufgehängt werden. Die Windgeschwindigkeit sollte mindestens 3 m am Instrument betragen.

X. Der Betrieb der Trockenkammer.
a) Die Stapelung des Holzes.

Das Holz soll in der Kammer so liegen, daß die Trockenluft möglichst gleichmäßig von allen Seiten wirken kann. Da man die Stapelung nicht differenzieren und ganz genau den tatsächlichen Verhältnissen anpassen kann (denn man kann diese gar nicht so genau messen, wie es erforderlich wäre), so kann man nur den umgekehrten Weg gehen, d. h. das Holz möglichst gleichmäßig stapeln und dann durch die Umwälzung der Luft die Unterschiede in der relativen Feuchtigkeit und Temperatur usw. ausgleichen und damit für möglichst gleichmäßige Einwirkung sorgen. Selbstverständlich bewirken die Zwischenlagen, welche stets Teile des Holzes bedecken, kleine Unterschiede; aber wenn die Leisten nicht zu breit sind, so kann man sie vernachlässigen. Unangenehmer macht sich schon die stärkere Trockenwirkung in der Längsrichtung der Faser bemerkbar. Die Stirnseite eilt in der Regel vor, so daß das Holz von hier aus reißt. Man versieht sie daher bei empfindlicher Ware ebenso wie bei der natürlichen Trocknung mit Schutzleisten, Bekleidungen usw.

Wenn mehrere Lagen Holz gleichzeitig in die Kammer kommen, legt man die folgenden Stirnseiten dicht aneinander. Bei Brettern usw., bei denen eine Dimension (die Breite) die andere (die Dicke) stark überwiegt, hat es keinen Zweck, die einzelnen Stücke einer Lage mit größeren Zwischenräumen zu legen, da sich die Trocknung im ganzen doch nach den mittleren Teilen richten muß. Um Durchdrücken zu verhindern, legt man die Zwischenlagen (Spreizen) genau übereinander und legt solche auch möglichst scharf an die Enden. Für die Stärke der Spreizen genügt 20 bis zu 40 mm Stärke des Holzes, 30 bis zu 60 und 40 mm bei stärkeren Dimensionen. Wenn irgendwelche Teile des Raumes in der Kammer nicht ausgefüllt sind, z. B. unter den Wagengestellen oder auf den Wagen, so gibt man Querleisten und Querbretter, die einen beschleunigten Durchtritt der Luft durch diese Stellen verhindern und die Luft zwingen, ihren Weg durch das Holz zu nehmen. Selbstverständlich müssen die Zwischenlagen gesund, sauber und gut getrocknet sein, damit die Ware auch sauber bleibt. Die Breite ist mit etwa 30—60 mm zu wählen. Zu breite Zwischenlagen decken zu viel Holz ab, zu schmale drücken sich in die unteren Lagen der Bretter zu stark ein. In hohen Kammern legt man deshalb in der unteren Hälfte besser zwei Spreizen nebeneinander, um nicht verschiedene Sorten von Spreizen führen zu müssen. In jedem Falle sollten die Spreizen genau gleiche Abmessungen haben und möglichst die ganze Breite der Stapel überdecken. Man legt sie bei dünner Ware bis zu 20 mm Stärke etwa 50 cm auseinander, bei stärkerer Ware 75 cm bis 1 m. Das Holz kann in der Kammer flach, senkrecht oder etwas geneigt gestapelt werden. Die seitlichen Zwischenräume der Hölzer sollten nicht größer sein als der Abstand der einzelnen Lagen, damit hier nicht zu große Luftmengen durchströmen. Kurze Enden legt man möglichst in die Mitte des Stapels, so daß an beiden Endseiten des Stapels die Enden möglichst übereinanderliegen; denn hier machen sich Ungleichmäßigkeiten am stärksten geltend. Wo mit Umwälzung gearbeitet wird und die Luft in der Mitte der Kammer auf der ganzen Fläche durch die

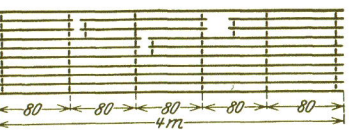

Abb. 33. Stapelung von Brettern in der Trockenkammer.

Abdeckung des Bodens austritt, läßt man auch in der Mitte der Beschickung einen freien Raum, der sich keilförmig nach oben verengt. In diesem kann die Luft hochsteigen und sich dann seitwärts zwischen den einzelnen Bretterlagen verbreiten. Man gibt ihm unten etwa 25 cm, oben 10 cm Breite. Für die Ausnutzung des Raumes in der Kammer kann man etwa annehmen, daß im Stapel selbst bei 1-Zoll-Brettern rund 45%, bei 3-Zoll-Brettern rund 55% Holz im Raum enthalten sind. Eine Kammer von 5 × 2,5 m kann demnach, da sie infolge der freien Räume unter und über den Wagen und an den Seiten nur zu rund $1/_2$ gefüllt wird, eine Nutzleistung von etwa 25—30% geben. Zu voll packe man nicht. Eine Trockenkammer ist kein Magazin, sondern eine „Maschine zum Trocknen". Da die Luft, sei es absichtlich, sei es zufällig, bei den meisten Systemen eine gewisse Querumwälzung erfährt, so ist die flache Stapelung meist ausreichend, in Anbetracht der geringen Kosten auch vorzuziehen. Auch die Längsanordnung der Ware mit querliegenden Spreizen wird hierdurch befürwortet. Querstapelung mit längsgehenden Spreizen ist nur dort angebracht, wo die Durchstreichung oder Umwälzung hauptsächlich in der Längsrichtung erfolgt. Solche Anlagen sind bei uns verhältnismäßig selten, da sie nicht genügend gleichmäßig arbeiten.

Bei schräger Stapelung[1] werden die Lagen mit geringer Neigung (etwa 1 : 8) nach außen gelegt, damit die Luft in den Lagen sinken kann. Bei richtigem Betrieb ist jedoch die Windgeschwindigkeit so groß, daß das nicht nötig ist, vielmehr nur eine Erschwerung des Betriebes herbeiführt.

Abb. 34. Flachstapelung, Stapel mit „Kamin", schräge und senkrechte Stapelung.

Endlich ist noch die Frage der senkrechten Stapelung[2] von Brettern zu betrachten. Die Bretter stehen senkrecht auf einer Kante, und zwar eines dicht auf dem anderen. Man begnügt sich in der Regel mit zwei Zwischenlagen an den Enden, doch ist das etwas reichlich wenig und führt häufig zu Verziehen der Bretter. Die Stapelung kann durch mechanische Hilfsmittel erfolgen. Die Kosten werden sehr verschieden angegeben, teilweise beträchtlich höher als bei flacher Stapelung, teilweise aber auch als sehr viel niedriger. Als Vorteil der Stapelweise wird angegeben, daß die Luft der Hauptsache nach senkrecht steigt und daher dort, wo keine maschinelle Umwälzung der Luft stattfindet, am besten gleichmäßigen Durchtritt gewährleistet. Doch stimmt das nur für die genau unter dem Luftkanal liegenden Teile und auch hier nur in beschränktem Maße. Gegenüber der Umwälzung durch Gebläse oder Ventilatoren ist diese Luftverteilung stets unzureichend und ungleichmäßig. Senkrechtstapelung, die bei manchen Hölzern, wie Oregonpine und Pitchpine vorteilhaft erscheint, verlangt, daß das Holz automatisch in dem Maße, wie es beim Trocknen schrumpft, zusammengepreßt wird, sonst wirft es sich.

Kleine Holzsortimente werden mitunter einfach in Körben in die Kammer gestellt. Doch ist das zu verwerfen, da die Trocknung

---

[1] Tiemann, H. D.: The Kiln Drying of Lumber 1920, 192.
[2] Tiemann, H. D.: The Kiln Drying of Lumber 1920, 154ff.

b) Das Dämpfen.

hierbei sehr unregelmäßig stattfindet. Auch sie sollten möglichst gleichmäßig gestapelt werden.

Dämpfen wird zu verschiedenen Zwecken, demgemäß auch verschieden ausgeführt. Allgemein macht Dämpfen das Holz nachgiebig und plastisch. Bei manchen Hölzern, wie Blue Gum (*Eucalyptus globulus*), tritt dieser Zustand schon bei 70°C ein. Bei zu lange fortgesetztem Dämpfen, zumal unter Anwendung höherer Temperaturen und Drücke wird das Holz dauernd geschädigt. Insbesondere ist zu bemerken:

1. Rotbuche soll gleichmäßig satte braune ,,Mahagoni''-Färbung annehmen. Dieses Holz muß möglichst frisch und unmittelbar nach dem Einschnitt gedämpft werden. Lufttrockenes Holz bekommt Flecken. Quellen und Schrumpfung werden durch Dämpfen gar nicht, das Arbeiten des Holzes etwas eingeschränkt. Stäbe für Parketten läßt man bei etwa 100° bis zu zwei Tagen im Dampfkasten. Zu hohe Temperatur schädigt das Holz dauernd, es wird ,,tot''gedämpft. Die Temperatur darf bei Sattdampf höchstens 102° betragen.

2. Walnuß und Mahagoni werden häufig gedämpft, damit das Holz gleichmäßig dunkler wird. Die Dämpfung erfolgt bei gewöhnlichem Druck mit etwa 50—70° Temperatur und dauert je nach der Dicke des Holzes 1—2 und auch mehr Tage. Holz, welches in schwächeren Dimensionen gebraucht wird, wird erst nach dem Aufschneiden gedämpft.

3. Weißbuche, Ahorn, Linde und Möbeleiche sollen in der Regel weiß und fleckenlos bleiben. Hier ist Dämpfen stets gefährlich. Bei der künstlichen Trocknung dieser Hölzer ersetzt man daher das Dämpfen dadurch, daß man die Trocknung mit möglichst niedriger Temperatur, etwa 50° und hoher relativer Feuchtigkeit beginnen läßt.

4. Dämpfen als Vorbereitung des Holzes zum Trocknen. Es ist eine landläufige Rede, daß Dämpfen die Poren des Holzes öffnet. Doch ist das eine vollständig unklare Vorstellung. Richtig ist, daß durch Dämpfen die Oberfläche des Holzes gleichmäßig feucht wird und daher der Trockenvorgang auf der ganzen Oberfläche gleichmäßig einsetzt. Ebenso befördert das Dämpfen auch die Wärme viel schneller in das Holz als heiße Luft, da der Dampf infolge seiner Kondensation zu Wasser Wärme viel schneller abgibt. Es ist aber nicht nötig, das Holz vollständig durch und durch auf die Temperatur des Trockenraumes zu bringen, es genügt vielmehr, wenn die Erwärmung so weit in das Innere hineingeht, daß zwischen der Diffusion des Wassers vom Inneren nach der Oberfläche und der Abführung in der Oberfläche ein Gleichgewicht hergestellt wird. Bei mäßigem Dämpfen wird durch die Aufnahme von Wasser die Faser weich und nachgiebig. Beim Trocknen kann die Masse sich infolgedessen dehnen und zusammendrücken, ohne daß Reißen eintritt.

Dauert das Dämpfen dagegen zu lange, so greifen die geringen stets vorhandenen Salzmengen die Faser chemisch an und schwächen sie dauernd. Nadelhölzer können im grünen Zustande bis zu 24 Stunden gedämpft werden, lufttrockenes Holz dagegen nur wenige Stunden. Ganz oberflächlich rechnet man etwa bei Eiche $^1/_2$ Stunde, bei Nadelhölzern eine Stunde für je 1 cm Dicke.

c) Das Trocknen.

1. Temperatur und relative Feuchtigkeit. Der Trockenvorgang soll möglichst genau der Idealtrockenkurve folgen. Wir haben dabei den allgemeinen Verlauf dieser Kurve und ihre Länge, d. h. die Geschwindigkeit der Wasserabgabe zu beachten. Wir nehmen der Vereinfachung halber an, daß in den Grenzen, welche wir zum Trocknen benutzen (d. h. zwischen 50 und 75° C), das Sättigungsverhältnis des Holzes zur Luftfeuchtigkeit unabhängig von der Temperatur ist. Tatsächlich nimmt es mit steigender Temperatur etwas ab. Weiter setzen wir voraus, daß die Diffusionsgeschwindigkeit des Wassers durch das Holz nur vom Wassergehalt des Holzes und dem Sättigungsgrad der Luft abhängt. Tatsächlich wirkt auch hier die Temperatur etwas ein, indem mit steigender Temperatur die Differenz zwischen dem Dampfdruck bei Sättigung und der zur Zeit herrschenden relativen Feuchtigkeit zunimmt. Bei gesättigter Luft findet eine eigentliche Trocknung nicht statt, da diese, gleich welche Temperatur sie hat, kein Wasser mehr aufnehmen kann. Nur wassersattes Holz gibt beim Dämpfen oft Wasser ab. Im Innern des Holzes wird etwas freies Wasser verdampft, und der Dampf preßt etwas Wasser nach außen. Umgekehrt wird aus gesättigter Luft an nichtgesättigtes Holz, besonders wenn es kühler als die umgebende Luft ist, Wasser abgegeben und kondensiert. Für den Ablauf des Trockenprozesses kommt es also in erster Linie auf die relative Luftfeuchtigkeit an. Diese muß, wenn überhaupt Wasser aus dem Holze verdampft werden soll, geringer sein als der Gleichgewichtskurve entspricht. Es muß stets ein Gefälle vom Holz zur Luft vorhanden sein. Wenn dieses zu groß ist, so reißt der Faden ab. Die Holzoberfläche eilt bei der Trocknung vor, das Holz verschalt. Als praktisch guten Mittelwert der Trocknung hat sich eine Luftfeuchtigkeit von rund 70% der, welche mit dem Holzfeuchtigkeitsgehalt im Gleichgewicht steht, herausgestellt. Hierbei ist also die Spanne, welche für die Trocknung zur Verfügung steht, 30%. Diese ist einerseits groß genug, um das verschiedene individuelle Verhalten der Hölzer und den Umstand, daß das Gleichgewicht sich etwas mit der Temperatur ändert, zu berücksichtigen. Andererseits ist sie klein genug, um der Gefahr des Verschalens vorzubeugen.

Etwas verwickelter ist die Rolle, welche die Temperatur spielt. Trockentechnisch hat hohe Temperatur den Vorteil, daß Luft um so mehr

Wasser aufzunehmen vermag, je wärmer sie ist, z. B. kann 1 m³ Luft mit 70% relativer Feuchtigkeit bei 30° C noch 8,4 g, bei 60° dagegen 36 g, das ist das Vierfache, aufnehmen. Die wärmere Luft behält also ihre Aufnahmefähigkeit für Wasser noch bedeutend länger als kalte Luft. Dadurch wird auch die Geschwindigkeit der Trocknung erhöht. In der gewöhnlichen Kammer ohne Druck ist diesen Verhältnissen jedoch mit der Temperatur von 100° eine Grenze gesetzt. Bei 100° ist der Druck des Dampfes im Gleichgewicht mit dem der Atmosphäre. Der Dampf verdrängt die Luft. Solange der Raum nicht geschlossen wird, kann der Druck nie über eine Atmosphäre steigen und infolgedessen auch die Dampfmenge in der Raumeinheit nicht über das bei 100° gegebene Maß hinausgehen.

Hohe Temperatur beschleunigt die Verdampfung des Wassers und kürzt damit nicht nur die Zeit zum Anwärmen des Holzes, sondern die der Trocknung ab. Hohe Temperatur erhöht die Aufnahmefähigkeit der Luft (natürlich in dem vorher durch die Grenze von 100° angegebenen Maße), trotzdem die relative Feuchtigkeit so hoch gehalten werden kann, daß Verschalen vermieden wird. Eben diese größere Aufnahmefähigkeit der Menge nach kann sich aber auch für die hohe Temperatur leicht als Gefahr auswirken. Nehmen etwa wir an, daß sich die Temperatur unvorhergesehen um 10° erhöht, ohne daß der Luft weiter Feuchtigkeit zugeführt wird. Wenn die Luft gesättigt war, so sinkt die relative Feuchtigkeit bei Erwärmung von 30 auf 40° auf 58%, zwischen 60 und 70° auf 64%. Im ersten Falle genügt eine Verdampfung von 10 g Wasser pro Kubikmeter Luft, um die relative Feuchtigkeit wieder auf 80%, das ungefährliche Gleichgewicht, zu bringen. Im zweiten Falle sind dagegen 30 g nötig. Eine Unterschreitung der zulässigen relativen Feuchtigkeit ist bei hoher Temperatur viel gefährlicher als bei niederer. Die zum Ausgleich für die gerade im Augenblick in der Kammer vorhandene Luft benötigte Wassermenge ist zwar gering im Verhältnis zu der gesamten im Holz vorhandenen Menge und drückt den Gesamtprozentsatz des Wassers im Holz nur wenig herunter. Wenn wir eine Kammer mit 20% Kiefernholz von 20% Wassergehalt füllen, so bedeuten 30 g pro Kubikmeter Luft 120 g auf 1 m³ Holz und vermindern dessen Wassergehalt nur von 20% auf etwa 19,85%. Aber schon ein zehnmaliger Luftwechsel erhöht diese Verminderung auf 1,5%, also auf eine deutlich merkbare Menge. Vor allem aber wirkt der überschnelle Verlust sich zunächst nur in den äußeren Schichten aus, läßt das Holz verhärten. Denn hier wird der Feuchtigkeitsgehalt so weit absinken, wie der relativen Luftfeuchtigkeit entspricht. Also in unserem Beispiel auf mindestens 13%. Je geringer die absolute hierzu benötigte Wassermenge ist, desto dünner ist natürlich auch die hiervon betroffene Oberflächenschicht, desto schneller sättigt sich die Luft, desto leichter stellt sich auch das verlorene Gleichgewicht in der Oberschicht des Holzes wieder her.

Der Temperatur sind auch durch besondere Eigentümlichkeiten des Holzes Grenzen gesetzt. Manche Hölzer, wie Ahorn, verändern ihre Farbe sehr leicht. In harzreichen Hölzern, Kiefer, Oregonpine usw. schmelzen die Harze, Äste werden lose, und andere Nachteile treten ein. Hier muß man also mit der Temperatur niedrig bleiben und dafür die Luftumwälzung größer wählen. Endlich ist noch die Wärmewirtschaft zu betrachten. In Amerika steigert man auf Anregung des Forstlaboratoriums[1] die Endtemperatur in der Kammer gegen die Anfangstemperatur systematisch um etwa 15°. Als Grund dafür wird von einigen Seiten angegeben, daß man die Intensität der Wirkung entsprechend dem größeren Widerstand des Holzes gegen die Diffusion mit zunehmender Trockenheit erhöhen müsse. Andere lassen die Temperatur sinken, um das Holz langsam auf die Temperatur der Außenluft zurückzuführen. In Deutschland hat man gute Erfahrungen mit gleichbleibender Temperatur gemacht. Diese Arbeitsweise ist zudem einfacher, denn es ist bei ihr nur nötig, die relative Feuchtigkeit abzuwandeln. Etwas anderes ist es, ob auch die Luft bei ihrer Durchführung durch die Kammer ihre Temperatur ändern soll. In mißverständlicher Übertragung der Verhältnisse im Dampfzylinder der Maschine wird oft davon gesprochen, daß man die Wärme möglichst in der Kammer „herunterarbeiten" müsse. Natürlich wird zum Verdampfen des Wassers aus dem Holze Wärme verbraucht. Wenn die Temperatur der Luft aber sinkt, so sinkt auch die Wassermenge, die sie enthalten kann. Luft von 60° führt auf den Kubikmeter 120 g, solche von 30° nur 26 g Wasser mit sich fort. Es ist also vorteilhaft, die Luft durch weitere Zufuhr von Wärme stets so hoch zu erwärmen, daß sie die größtmögliche Wassermenge mit sich wegnimmt. Eine etwaige Abkühlung sollte höchstens im Kondensator nach Verlassen des Trockenraumes erfolgen. Es läßt sich durch genaue Rechnung zeigen, daß die zugeführte Wärme dann am wirtschaftlichsten ausgenutzt wird, wenn die Temperatur der Luft zwischen 60 und 80° beträgt und ihre relative Feuchtigkeit 60—80%. Während es im günstigsten Falle möglich ist, mit einer Wärmeeinheit 1,56 g Wasser abzuführen, beträgt die Wassermenge bei den eben genannten Grenzen 1,4 g. Für 1 kg Wasser sind also rund 700 WE aufzuwenden, d. h. nur wenig mehr als wie für die Verdampfung von 1 kg Wasser bei Atmosphärendruck erforderlich ist. Der Wirkungsgrad des Trocknens würde also 90% betragen.

Im allgemeinen vertragen Nadelhölzer wie Kiefer und Fichte sowie von den Laubhölzern Mahagoni, Linde bis zu 100° C, während Laubhölzer, wie Eiche und Buche niedrige Temperatur verlangen, daher z. B.

---

[1] Thelen: Kiln Drying handbook.

auch nicht mit überhitztem Dampf getrocknet werden können. Eukalyptus ist äußerst vorsichtig zu behandeln. Allgemein kann man nur bei frisch geschlagenem Holze höhere Temperaturen wählen zur Beschleunigung des Trocknens, aber auch nur bis zum Fasersättigungspunkt herunter. Dieser Gesichtspunkt kommt also nur dort in Frage, wo größere Mengen Holz verladetrocken gemacht werden sollen. In Deutschland liegt zu dieser Arbeitsweise bisher keine wirtschaftliche Notwendigkeit vor.

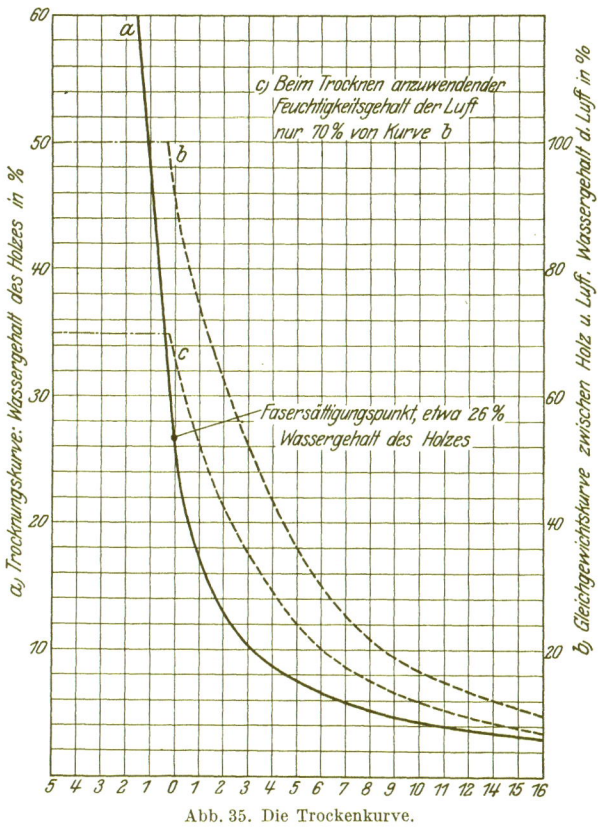

Abb. 35. Die Trockenkurve.

2. Die Trockenkurve. Auf der hierüberstehenden Tafel sind die wichtigsten Ergebnisse dieser Betrachtung in Kurven zusammengestellt. Bei der Zeichnung dieser Kurve ist angenommen worden, daß die Trockentemperatur während des ganzen Trockenvorganges auf gleicher Höhe gehalten wird und daß nur die relative Feuchtigkeit gesetzmäßig abgesenkt wird, und zwar nach der Kurve, die das Gesetz für die Geschwindigkeit der Wasserabgabe vom Holz bei verschiedenen Trockenheitsgraden des Holzes darstellt. Die Trockenkurve des Holzes, nach unseren früheren Betrachtungen eine Exponentialkurve, gibt die

Reziproke dieser Geschwindigkeiten, d. h. die Zeit, welche nötig ist, den Wassergehalt des Holzes um ein bestimmtes Maß zu senken. Die Kurve über ihr gibt die mit dem Feuchtigkeitsgehalt des Holzes im Gleichgewicht befindliche relative Feuchtigkeit. Unter dieser endlich ist eine zweite Kurve eingezeichnet, deren Ordinaten einen bestimmten Prozentsatz der relativen Feuchtigkeitskurve betragen. Diese soll als Trocknungskurve bezeichnet werden.

a) Die Kurve der Trocknungszeit des Holzes zeigt, wie sich der Trockenvorgang bei gleichmäßiger Arbeit zwischen 26% und 0% Wassergehalt des Holzes zeitlich verteilt. Besondere Vorbereitung, z. B. Dämpfen, rechnet in ihr natürlich nicht. Es sei etwa gefragt, welche Zeit es dauert, bis ein gegebenes Stück Holz von 23% auf 5% herunter getrocknet ist. Die Kurve zeigt, daß 23% auf den Abschnitt 0,2 und 5% auf dem Abschnitt 8,5 liegt. Die Trocknung erfordert mithin 8,3 Abschnitte. Bei der Trocknung von 25 mm Kiefer entspricht ein Abschnitt etwa 10 Stunden, so daß wir hier 83 Stunden als passende Zeit finden.

b) Relative Feuchtigkeit der Luft, welche mit dem Wassergehalt des Holzes im Gleichgewicht ist. Die Kurve zeigt, oberhalb welchen Feuchtigkeitsgehaltes eine Trocknung nicht möglich ist.

Entsprechende Wassergehalte des Holzes und relative Feuchtigkeit der Luft bei verschiedenen Temperaturen (vgl. die Kurven auf S. 15). Die Tabelle ist auf Grund der dort genannten amerikanischen Untersuchungen und eigener Messungen ausgerechnet worden.

Rel. Feuchtigkeit der Luft in %	20	25	30	35	40	45	50	55	60	65	70	75	80	85	90	95	100
Mittl. Wassergeh. des Holzes bei																	
15°	5	5,8	6,7	7,5	8,4	9,2	10,1	10,9	11,8	12,9	14,3	15,9	17,9	20,3	23,2	26,6	30,5
25°	4,5	5,5	6,3	7,1	7,9	8,7	9,5	10,3	11,2	12,2	13,6	15,2	17,1	19,5	22,3	25,6	29,4
50°	3,8	4,5	5,2	5,9	6,7	7,4	8,1	8,8	9,5	10,5	11,8	13,3	15,1	17,4	20,0	23,1	26,6
75°	3,0	3,6	4,2	4,8	5,4	6,0	6,6	7,2	7,9	8,7	9,9	11,4	13,2	15,3	17,8	20,6	23,8
100°	2,2	2,7	3,7	4,2	4,2	4,7	5,2	5,7	6,3	7,0	8,1	9,5	11,2	13,2	15,5	18,1	21,0

Oberhalb des Fasersättigungspunktes verläuft die Kurve als Waagerechte, da der Fasersättigungspunkt mit 100% der relativen Feuchtigkeit im Gleichgewicht ist und eine größere Feuchtigkeit der Luft nicht möglich ist.

c) Relative Feuchtigkeit, welche anzuwenden ist. Diese ist mit einem bestimmten Prozentsatz, im vorliegenden Beispiel 70% der Gleichgewichtskurve, angenommen. Wenn der Trocknung Dämpfen vorangeht, also die Luft zu 100% gesättigt ist, so muß die Kurve c

Das Trocknen. 79

sich bis zum Fasersättigungspunkt auf 70% senken. Der Trockenprozeß soll stets mit einer relativen Feuchtigkeit oberhalb des Gleichgewichtes begonnen werden, also bei einem Wassergehalt des Holzes von 26% und mehr, mit gesättigter Luft. Nach Erwärmen des Holzes soll dann allmählich die relative Feuchtigkeit bis auf den dem Trockenheitsgrad des eingefahrenen Holzes entsprechenden zur Trocknung anzuwendenden Grad heruntergesetzt werden.

d) Die Diffusionsgeschwindigkeit erscheint nicht besonders. Sie ist zur Unterlage der Kurve a genommen worden. Diese gibt also, wenn man die Höhe statt nach Wassergehalten des Holzes nach den zugehörigen Diffusionsgeschwindigkeiten einteilt, die Änderung der Diffusionsgeschwindigkeit für ein gegebenes Holzstück in Abhängigkeit vom Wassergehalt des Holzes. Die Geschwindigkeit der Trocknung sinkt zwischen 26% (Fasersättigungspunkt) und 0% etwa auf ein Sechstel. Die Reziproke dieser Geschwindigkeit ist die Trocknungsdauer. In einer Trocknungsanlage wurden für Oregonpine folgende Zahlen gefunden:

Feuchtigkeitsgehalt des Holzes	Trockendauer	Rel. Feuchtigkeit der Kammer
22 %	0 Stunden	73%
16,8%	24 ,,	50%
11,9%	48 ,,	37%
11,2%	58 ,,	—

Diese Werte folgen sehr gut den von uns aufgestellten Gesetzmäßigkeiten.

e) Der Maßstab der Kurven. Zur Bestimmung des Trockenvorganges fehlt noch ein sehr wichtiges Glied, die Zeit, in welcher er sich abspielt oder die kürzeste Zeit, die der Grundlinie entspricht. Sie wird wesentlich durch die Holzart und durch die Dicke bestimmt. Für den Einfluß der Holzart fehlt es uns noch an zuverlässigen Unterlagen. Wahrscheinlich steht er in irgendwelchem Verhältnis, vielleicht in quadratischem, zur Masse des Holzes. Wenn etwa für Kiefer mit 0,4 spezifischem Gewicht die Trockenzeit 1 ist, so wird sie für Eiche mit 0,65 spezifischem Gewicht 2,1. Doch spielen Rücksichten auf Farbänderungen, die Neigung zum Reißen usw. eine sehr große Rolle und können die Trockendauer ganz willkürlich abändern. Die Beziehung zur Dicke ist ebenfalls noch nicht völlig klargestellt. Sie liegt auf Grund praktischer Erfahrungen zwischen der einfachen gradlinigen und der quadratischen Beziehung, für die Reihe: 1, 2, 3, 4 also etwa zwischen 1, 2, 3, 4 und 1, 4, 9, 16 usw. Hinreichend genau wird sie durch die Formel $y = x^{1,5}$ wiedergegeben. Für die ersten zehn Ziffern ergibt sich also folgende Reihe:

1	2	3	4	5	6	7	8	9	10
1	2,8	5,2	8	11,2	14,7	18,5	22,6	27	31,6,

d. h. eine 4-Zoll-Bohle braucht zum gleichen Trocknen die achtfache Zeit wie eine 1-Zoll-Bohle. Es sollen Kiefernbretter, 25 mm stark, von 22 auf 10% heruntergetrocknet werden. Aus der Kurve a ergibt sich eine Trockenzeit von $5{,}3 - 2{,}3 = 3{,}0$. Diese werden auf Grund praktischer Erfahrung $= 30$ Stunden gesetzt. Wird der Betrieb des Nachts unterbrochen, so ist erfahrungsgemäß infolge der Abkühlung die doppelte Zeit zu wählen, also 60 Stunden. Will man mit größerer Sicherheit rechnen oder ist die Ware empfindlich, so nimmt man einen Zuschlag von etwa 50%. Für eine Trocknung von zweizölliger Kiefer von 15% auf 5% herunter haben wir unter sonst gleichen Verhältnissen $2{,}8 \times (10{,}5 - 3{,}5) 10 = 196$ Stunden. Weiter entnehmen wir der Kurve, wie die relative Feuchtigkeit der Luft zu leiten ist. Während der eigentlichen Trockenzeit hätte sie im letzten Falle mit 47% anzufangen und wäre bis auf 14% zu senken. Da Kiefer wegen ihres Harzgehaltes nicht zu hoch erwärmt werden darf, so wird die Temperatur während der ganzen Trocknung am besten auf gleicher Höhe von rund 60° gehalten. Um die Trocknung allmählich anfangen zu lassen, dämpft man zuerst, und zwar für jeden Zentimeter Dicke rund eine Stunde, hier also 5 Stunden, indem die relative Feuchtigkeit auf etwa 80% gehalten wird. Dann läßt man die relative Feuchtigkeit regelmäßig in etwa 10 Stunden auf 47% sinken.

3. Einzelne Sondervorschriften. Für einige andere Hölzer seien einige Bemerkungen angeschlossen.

a) **Oregonpine** soll wegen der Äste schonend behandelt werden. Als gute Regel hat sich die 1,4fache Zeit von Kiefer erwiesen. Die Temperatur wird während der ganzen Trockendauer am besten gleichmäßig auf etwa 60° gehalten. Die relative Feuchtigkeit der Luft beginnt für 1—2 Stunden mit voller Sättigung. Dann wird auf 70% heruntergegangen und danach der Kurve gefolgt.

b) **Fichte** kann wie Kiefer behandelt werden. Die Trockentemperatur wird für billigere Ware gelegentlich bis zu 80% gesteigert. Für Tischlerware bleibt man jedoch am besten auf etwa 65°.

c) **Rotbuche** wird häufig zur Erzielung brauner Farbe gedämpft. Damit die Farbe gleichmäßig wird, muß dieses Dämpfen im grünen Zustande bei möglichst niedriger Temperatur geschehen, kann dann aber ohne Schaden ziemlich lange dauern. Je nach der Dimension und dem gewünschten Farbton dämpft man 2—6 Tage. Danach setzt das Trocknen schonend ein: die relative Feuchtigkeit wird langsam auf 70% heruntergebracht und folgt dann der Trockenkurve. Wassergesättigtes Holz verliert schon beim Dämpfen bis zu 30% Wasser. Buche braucht zum guten Trocknen die doppelte Zeit wie Kiefer gleicher Stärke. Die Temperatur wird möglichst gleichmäßig auf etwa 60° gehalten.

d) **Birke und Ahorn** sollen schneeweiß bleiben. Ihre Farbe ist sehr empfindlich gegen Dämpfen. Daher beginnt man bei ihnen gleich mit der eigentlichen Trocknung, muß diese aber sehr schonend und langsam einsetzen lassen. Die Trockenzeit dauert mindestens das Doppelte wie bei Kiefer. Die Temperatur soll etwa 50° betragen, keinesfalls über 60° steigen. Die relative Feuchtigkeit beginne mit etwa 70%.

e) **Erle und Nußbaum** werden zur Vertiefung des Farbtones gleichfalls vielfach ausgiebig gedämpft. Für je 1 cm Stärke rechnet man bis zu einem Tage. Die Temperatur sollte hierbei keinesfalls über 60° hinausgehen. Die Luft sollte jederzeit völlig gesättigt sein. Sehr langes Dämpfen macht die Faser dauernd weicher und schränkt dadurch Arbeiten und Reißen ein.

f) **Eiche**: Die Farbe ist sehr empfindlich gegen Dämpfen. Man wählt die Temperatur zum Trocknen daher zwischen 40 und 60° und dämpft nur ganz kurze Zeit, gerade so lange als nötig ist, um das Holz auf die Trockentemperatur anzuwärmen. Für je 1 cm Stärke rechnet man rund eine halbe Stunde. Bei Holz mit mehr als 26% Wasser trockne man bis auf diesen Betrag herunter mit 80—90% relativer Feuchtigkeit.

g) **Pitchpine**: Die Amerikaner lassen im allgemeinen höhere Temperaturen zu als wir; so nimmt Teesdale[1] für den Beginn der Trocknung 80°, für das Ende 95% an. Die relative Feuchtigkeit soll zu Anfang mindestens 90° betragen. Für Hobeldielen, welche von etwa 26% auf 8% herunter getrocknet werden sollen, gibt Teesdale als Zeiten an: Für 1 Zoll 72 Stunden,
für 1,5 Zoll 120 Stunden,
für 2 Zoll 144 Stunden,
während sich aus unserer Kurve unter Gleichsetzung mit der Trockendauer der Kiefer als entsprechende Zeiten 45, 83 und 126 Stunden ergeben. Die Amerikaner achten darauf, daß an die Trockenzeit jedesmal noch eine kurze etwa 5 Stunden dauernde Nachbehandlung mit feuchter Luft (83%) angeschlossen wird. Die in einer der größten amerikanischen Sägen aufgestellten Vorschriften mögen zum Vergleich folgen: Unsere Werte nach der Trockenkurve sind in der dritten Spalte eingefügt mit einem Aufschlage von 50%. Erste Spalte: Relative Luftfeuchtigkeit. Dritte Spalte: Dauer der Einwirkung unserer Vorschrift für Kiefer + 50%. Für je drei verschiedene Holzstärken von 1 Zoll, $1^1/_2$ Zoll und 2 Zoll.

Die Vorschrift B ist etwas schonender insofern, als sie die relative Feuchtigkeit der Luft langsamer senkt, d. h. solange mit höherer Sättigung arbeitet, als es möglich ist. Ganz allgemein rechnet man vor

---

[1] Teesdale, L. V.: The Kiln Drying of Longleaf Pine. Southern Lumberman, Nashville, 17. December 1927.

%	1 Zoll		%	1½ Zoll		%	2 Zoll	
	Dauer A	Dauer B		Dauer A	Dauer B		Dauer A	Dauer B
89	5 Std.	—	89	5 Std.	—	89	5 Std.	—
68	30 „	20 Std.	79	5 „	14 Std.	79	5 „	21 Std.
39	32 „	46 „	63	25 „	32 „	63	40 „	50 „
—	—	—	51	50 „	30 „	51	58 „	46 „
—	—	—	41	30 „	35 „	41	30 „	55 „
	67 Std.	66 Std.		115 Std.	111 Std.		138 Std.	172 Std.

allem im Forstlaboratorium in Madison[1] mit viel längeren Zeiten als bei uns. Für 1 Zoll starke Hölzer, welche von 35% auf 6% heruntergetrocknet werden sollen, gibt die linke Spalte die Trockenzeiten nach unseren Kurven, die rechte Spalte die nach Thelen, Assistent vom Forest-Laboratorium.

Eiche 142   480   Mahagoni 178   288
Buche 142   288   Kiefer 71   72
Linde 86   168

h) **Lärche**: Ähnlich wie bei Pitchpine beginne die Trocknung mit hoher relativer Feuchtigkeit.

i) **Tabellen für Trocknung**. Unter der Annahme, daß die Temperatur beim Trocknen gleichmäßig gehalten wird und daß die relative Feuchtigkeit allmählich heruntergesetzt wird, sind in der nachstehenden Tabelle für zöllige Kiefer und zöllige Eiche für verschiedene Grenzen des Wassergehaltes des Holzes die zulässigen kürzesten Trockenzeiten angegeben.

	I. Kiefer	II. Eiche		I. Kiefer	II. Eiche
50 — 15	26	52	— 10	34	68
— 12	34	68	— 8	48	96
— 10	43	86	25 — 15	15	30
— 8	57	114	— 12	23	46
40 — 15	22	44	— 10	32	64
— 12	30	60	— 8	46	92
— 10	39	78	20 — 15	9	18
— 8	53	106	— 12	17	34
30 — 15	17	34	— 10	26	52
— 12	25	50	— 8	40	80

Weiter folgen für eine Reihe verschiedener Hölzer die Multiplikatoren auf Kiefer bezogen:

Eiche . . . . 2,0 — 2,5   Pappel 1,5
Birke . . . . 2,0 — 4   Linde 1,2
Buche 2,0   Walnuß 2,0
Ahorn . . . . 2,0 — 4   Mahagoni 2,5
Esche 2,5   Oregonpine 1,4
Hickory 3,5   Gabun 1,5

---
[1] Thelen: Kiln Drying handbook.

Ganz allgemein muß die Temperatur um so niedriger gewählt werden, je dichter das Holz ist und je empfindlicher seine Eigenschaften, wie Farbe usw., sind. Das gleiche gilt aber auch für sehr leichte und leicht zusammenfallende Hölzer, z. B. Whitepine.

Die relative Feuchtigkeit richtet sich nach dem zu erreichenden Trockenheitsgrad. Wenn keine praktische Erfahrung vorliegt, so beginne man zunächst immer mit mindestens 70% der Gleichgewichtskurve. Bei Holz, welches über 26% Wasser enthält, fängt man (abgesehen von Sonderfällen, wie Ahorn) mit gesättigter Luft an und geht dann so schnell wie die Trockenkurve anzeigt, auf 70% herunter. Nachdem der Fasersättigungspunkt überschritten ist, folgt man dann der Kurve.

d) Nachbehandlung des Holzes und besondere Behandlungsweisen.

Zur Weiterverarbeitung soll Holz völlig gleichmäßigen Wassergehalt haben. Ein besonders bei Furnieren oft gemachter Einwand, daß sie durch künstliche Trocknung an einzelnen Stellen spröde und „glashart" werden, erklärt sich einfach dadurch, daß hier die Trocknung vorgeeilt, das Holz zu weit getrocknet ist. Daher wird das Holz nach der Trocknung noch solange gelagert, bis sich durch Aufnahme des Wassers aus der umgebenden Luft sein Feuchtigkeitsgehalt völlig gleichmäßig auf den des Gebrauchsortes eingestellt hat. Für Furniere rechnet man 8—14 Tage, für stärkere Dimensionen bis zu einem Monat. Der Feuchtigkeitsgehalt der Lagerräume muß dem des späteren Verwendungsortes entsprechen. Deshalb werden Furniere und Tischlerware in der Regel in der Werkstatt selbst oder ihr angeschlossenen Räumen, Bauholz, Dielen usw. in gut belüfteten Schuppen gelagert. Die Lagerräume müssen nötigenfalls auf etwa 30—35° geheizt werden.

Künstlich getrocknetes Holz muß vor Regen und Schnee bewahrt bleiben, da diese das Holz ungleichmäßig anfeuchten und zum Verziehen bringen. Unter den Stapeln bleibt das Wasser in Pfützen stehen und die hohe Luftfeuchtigkeit bewirkt, daß die unteren Lagen feuchter werden als die oberen. Gut getrocknete Schnittware unter Dach kann dagegen unbedenklich dicht gestapelt werden.

Verarbeitetes Holz, Fensterrahmen, Türen, Dielen gehören bis zur Verwendung in den geschlossenen Schuppen. Es ist ein arger Mißbrauch, sie auf der Baustelle tage- und wochenlang im Freien zu stapeln. Sperrplatten und schwächere Ware sollen flach liegen, nicht, wie man so oft sieht, schräg gegen die Wand gelehnt werden. Die Hölzer biegen sich durch und verlieren die Form. Manche Tischler haben die Gewohnheit, das Holz unmittelbar vor der Verarbeitung noch einmal durch die Trockenkammer gehen zu lassen. Das ist zu verwerfen. Der Vorteil, den das längere Stapeln in der Werkstatt gebracht hat, die völlige Gleichmäßigkeit, geht dadurch wieder verloren.

e) Anstriche und Bekleidungen des trockenen Holzes.

Um die spätere Aufnahme zu großer Feuchtigkeitsmengen aus der Luft zu verhindern und das Quellen einzuschränken, behandelt man das Holz oft noch weiter. Weberspulen usw. werden z. B. in Leinöl oder Paraffin gekocht. Man weiß allerdings noch nicht sicher, ob hierdurch nicht die Festigkeit leidet. In der Regel gibt man Anstriche mit Firnis, Ölfarbe, Lack usw. Wenn das Holz nicht genügend trocken war, so verdunstet an warmen Tagen Wasser und hebt die Farbschichten ab. Fehlerhaft ist es auch, trotzdem es fast allgemein gemacht wird, Anstriche auf Holz, welches trocken bleiben soll, nicht auf allen Seiten, sondern nur an der der Ansicht ausgesetzten Seite zu machen. Der Anstrich wird viel zu sehr nur als Verzierung gewertet, die Schutzwirkung dagegen vernachlässigt. Bei Gartenmöbeln, die doch im Freien und damit oft in Pfützen stehen, vergißt man z. B. meist, die Stirnflächen der Füße ordentlich mit Öl zu tränken. Bei Fensterrahmen und Türen vergißt man ebenso die auf dem feuchten Mauerwerk oder Kalk aufliegende Rückseite. Was nutzt die ganze Trocknung der Fensterrahmen, wenn der Kitt in der Fuge nicht festsitzt, so daß das an den Scheiben herunterlaufende Wasser die Fuge stets füllen kann!

Ganz dicht halten Anstriche zwar nie. Sie verlangsamen aber den Wasseraustausch, so daß der Ausgleich zwischen dem Wassergehalt im Holz und dem Feuchtigkeitsgehalt der Luft oft erst nach Jahren eintritt, doch genügt das überall dort, wo die Schwankungen in der umgebenden Luft nicht zu groß sind. Wenn das Holz in kurzer Zeit zwischen Räumen voller Sättigung und großer Trockenheit hin und her wandert, z. B. in Flugzeugen, sind noch dichtere Überzüge erwünscht. In Amerika wird in solchen Fällen Aluminiumfolie auf die Holzfläche geklebt.

f) Fehler beim Trocknen und ihre Behebung.

1. Ungleichmäßiges Schwinden kann von Fehlern in der Beschickung und von ungleichmäßiger Trocknung herrühren. Häufig ist das Holz beim Einlagern in die Kammer verschieden trocken. An einzelnen Stellen haben Regenpfützen auf den Brettern gestanden. Beim Dämpfen verteilt sich der Dampf in der Kammer nicht genügend oder die Rohre sind undicht, so daß einzelne Stellen besonders getroffen werden. Die Zwischenlagen sind zu breit und überdecken in unregelmäßiger Weise zuviel von der Holzoberfläche. Die Luftumwälzung ist ungenügend. In toten Winkeln strömt nicht genügend Trockenluft durch, und die Verteilung der neu eintretenden Luft in der Kammer ist unregelmäßig.

Die unmittelbar getroffenen Stellen eilen in der Trocknung vor. Durch Risse tritt frische, trockene Luft ein.

Ungleichmäßige Trockenheit in den äußeren Schichten des frischen Gutes kann man zu einem Teil durch kurzes Dämpfen ausgleichen. Die Gleichmäßigkeit der Trockenluft wird durch genügende Umwälzung und durch Anordnung von Leitflächen für die Luft bewirkt. Die Türen müssen ordentlich geschlossen sein. Risse in der Wand müssen ausgebessert werden. Auf Undichtigkeiten in den Rohren ist zu achten. Ungleichmäßige Trocknung zeigt sich u. a. durch starkes Splittern von Brettern in der Hobelmaschine. Solche Beobachtungen müssen sofort dem Trockenmeister mitgeteilt werden. Ungleichmäßig getrocknetes Holz wird am besten noch einmal in die Trockenkammer gebracht und nach kurzen Dämpfen langsam wieder getrocknet.

2. Lose Äste. Da die Äste quer zur Faser sitzen, so schrumpfen sie in der Längsrichtung des Stammes stärker als das Längsholz. Wenn Holz zu schnell trocknet, so reißen sich die Äste aus der Umgebung los. Bei Nadelhölzern schmilzt bei zu hoher Trockentemperatur die die Äste umgebende Harzschicht. Hölzer, bei denen solche Äste häufiger vorkommen, wie Oregonpine, dürfen nicht zu hoch erwärmt werden. Allgemein darf die Trockengeschwindigkeit nicht zu groß werden. Da die Äste in ihrer eigenen Längsrichtung weniger schrumpfen, so stehen sie bei starker Trocknung oft beträchtlich über der Fläche vor und werden dann leicht in der Hobelmaschine herausgerissen. Bretter mit vielen Ästen in der Fläche dürfen daher nicht zu weit getrocknet werden.

3. Werfen und Verziehen hat seine Ursache in ungleichmäßiger Verteilung oder zu großem Abstand der Zwischenlagen. Die Zwischenlagen sollen genau übereinanderliegen. Die Enden von Brettern dürfen nicht frei hängen. Oft ist die Trocknung ungleichmäßig infolge von Undichtigkeit in den Wänden, undichten Rohren, ungenügender Umwälzung. Manches Holz hat auch unregelmäßigen Verlauf der Faser oder ist drehwüchsig. Seitenbretter neigen dazu, beim Trocknen hohl zu werden. Solche Bretter werden zweckmäßig genau in der Mitte (im Herz) aufgetrennt. Wenn die Neigung zum Werfen nicht zu groß ist, genügt es oft, das Holz während des Trocknens zu belasten, so daß es flachgedrückt wird. Liegt die Schuld am Stapeln, so stapelt man sorgfältig um, dämpft und trocknet noch einmal.

4. Reißen an den Enden. Da die Feuchtigkeit in der Längsrichtung des Holzes schneller entweicht als in der Fläche, so eilen die Enden mit der Trocknung vor. Das tritt besonders ein, wenn die Zwischenlagen weit von den Enden abliegen und wenn die relative Feuchtigkeit beim Trocknen zu niedrig ist, so daß durch die größere Leitungsgeschwindigkeit des Wassers in der Längsrichtung stärkere Unterschiede zwischen der Mitte und den Enden der Bretter entstehen. Oft kommt auch Holz in die Kammer, welches schon beim Lagern im Freien kleine Risse an den Enden bekommen hat. Diese vergrößern sich dann. Man schränkt die Risse dadurch ein, daß man die Zwischenlagen scharf an die Enden heranlegt und die relative Feuchtigkeit nicht niedriger als unbedingt notwendig wählt. Durch Umwälzung der Luft und durch Einbau von Leitflächen, die die Luft in den Stapel hinein zwingen, muß für möglichste Gleichmäßigkeit gesorgt werden. Hölzer, die von Natur zum Reißen neigen (manche Mahagoniarten), versieht man an den Enden mit aufgenagelten Leisten. Bei billiger Ware (Rotbuche) begnügt man sich auch oft mit Anstrichen von Pech, Asphalt, Farbe, Aufkleben von Papier usw. Sehr zu empfehlen ist ein Gemisch von etwa 70 Teilen Harz und 30 Teilen Pech. Enden mit Rissen schneidet man vor dem Einbringen in die Kammer, wenn der dadurch entstehende Verlust nicht zu groß ist, ab. Während der Trocknung selbst kann man die weitere Entwicklung von Rissen dadurch einschränken, daß man kurz dämpft und danach mit möglichst hoher relativer Feuchtigkeit weiter trocknet.

5. Verschalen kommt zwar auch bei natürlicher Trocknung vor, ist aber für die künstliche Trocknung ein geradezu kennzeichnender Fehler. Die Nachteile können nicht besser beschrieben werden als durch ein Flugblatt des Forstlaboratoriums zu Madison[1]. Dort heißt es: „Werfen und Verziehen rühren sehr oft vom Verschalen her. Viele Werkstücke aus verschaltem Holz sind nur noch wert, ins Brennholz geworfen zu werden. Während der Herstellung des Stückes sieht das Holz noch gut aus, dann wirft und verzieht es sich. Verschaltes Holz hat an allen Ecken und Enden Spannungen und doch hätte es beim Trocknen nur kleiner Mühe bedurft, um diese zu beseitigen. Wird verschaltes Holz aufgespalten, so wölbt es sich in der Fläche. In der Hobelmaschine genügt die Wegnahme eines nicht ganz gleichmäßig starken Spanes von der Oberfläche, um Werfen zu bewirken. Einbohren und Einstemmen von Löchern haben lange und tiefe Risse zur Folge. Für Maschinenmodelle ist solches Holz völlig unbrauchbar, da diese bei der Aufnahme von Feuchtigkeit aus dem Formsand und bei der Herrichtung (z. B. beim Verleimen) in ganz unvorhergesehener Weise ihre Form ändern. Auch für Verpackungszwecke, z. B. zu Kisten für Instrumente usw. ist verschaltes Holz ungeeignet. Die während des Transportes aufgenommene Feuchtigkeit bewirkt Werfen und Verziehen, so daß die in der Kiste enthaltenen Gegenstände gedrückt oder anderweitig beschädigt werden." Die Ursachen der Verschalung können sein:

a) Zu schnelles Trocknen einzelner Teile als Folge zu hoher Temperatur oder zu niedriger relativer Feuchtigkeit. Man beachte, daß selbst sehr weit herunter getrocknetes Holz nicht als verschalt bezeichnet wird, sondern nur solches, bei dem der Trockenheitsgrad und damit

---

[1] Technical notes Forest Products Laboratory, Madison, D. 13.

auch die Härte an einzelnen Stellen, insbesondere an der Oberfläche voreilt, wo sich also um ein feuchtes und weiches Innere eine härtere Schale herumlegt.

b) Unregelmäßigkeiten in der Trocknung, indem z. B. die Trockenluft nicht genügend gleichmäßig mit Feuchtigkeit durchmischt ist oder indem Temperatur und Feuchtigkeit oft plötzlich derart wechseln, daß die Gefahrengrenze überschritten wird.

Man muß also darauf sehen, daß die Temperatur nie die für die betreffende Holzart günstigste Höhe überschreitet und daß vor allem die relative Feuchtigkeit niemals unter das aus der Trockenkurve zu entnehmende Maß sinkt. Die Beschickung der Kammer muß gleichmäßig erfolgen und die Luft richtig durch Umwälzung durchgemischt werden. Der Inhalt der Kammer muß fortlaufend beobachtet werden. Eingetretene Verschalung wird in folgender Weise beseitigt:

Kurzes Dämpfen mit mindestens 90—95% relativer Feuchtigkeit während einer halben bis zwei Stunden je nach Stärke des Holzes, dann langsam Wiederaufnahme der Trocknung, zunächst während eines halben Tages mit etwa 70—80% relativer Feuchtigkeit, dann langsames Übergehen in die Trockenkurve.

Eine große Säge im Süden der Vereinigten Staaten[1] trocknete lange Zeit einzöllige Kiefernschnittware bei 95—100° C und relativer Feuchtigkeit zwischen 35% und 10%. Die Verluste durch Reißen und Verschalen beliefen sich im Jahresdurchschnitt auf 36%, entsprechend etwa 12 RM. für ein Kubikmeter. Diese konnten durch Anwendung geringerer Temperatur und boher Feuchtigkeit auf 4—7% und etwa 2 RM. gerabgesetzt werden.

Die Verschalung ist wie folgt zu erklären:

Wenn beim Trocknungsprozeß die Feuchtigkeit des Holzes unter 26%, d. h. unter den Fasersättigungspunkt hinuntersinkt, so beginnt das Holz zu schwinden. Da Trocknen nur möglich ist, wenn ein Feuchtigkeitsgefälle von innen nach außen vorhanden ist, so muß die Feuchtigkeit innen größer sein als außen. Das Holz wird also außen immer etwas stärker geschrumpft sein als innen. Es sei ein Stück Holz gegeben von 10 cm Durchmesser. Das Ganze sei in vier Ringe geteilt. Der äußere Ring habe 16% Wasser, die folgenden Ringe 17,18 und 19%. Das Volumen des Holzes nimmt fast genau mit dem Wassergehalt zu. Der spezifische Inhalt der einzelnen Ringe steht also im Verhältnis 116 : 117 : 118 : 119. Wenn der ganze Querschnitt bei 10 cm Durchmesser 78,53 cm² umfaßt, so müßten bei völlig gleichmäßigem Wassergehalt die einzelnen Ringe entsprechend 4,9 ... 14,72 ... 24,54 ... 34,36 cm² enthalten. Da aber die inneren Ringe mehr Feuchtigkeit enthalten,

---

[1] Teesdale, L. V.: The Kiln Drying of Longleaf Pine. Southern Lumberman, Nashville, 17. December 1927.

so haben sie folgende Flächen: 5,04... 14,92... 24,75..., d. h. zusammen eine Fläche von 44,71 anstatt 44,17, also 0,54 cm² mehr. Der äußere Ring, dessen Umfang 23,5 cm beträgt, muß um so viel gedehnt werden, daß er diese größere Fläche aufnehmen kann. In unserm Beispiel also um 0,6%. Das kann die Holzfaser noch vertragen. Wenn der Feuchtigkeitsgehalt im Innern 20%, am äußeren Umfang 10% beträgt, so wird der Unterschied der inneren Fläche gegenüber dem Gleichgewichtsverhältnis schon 4%. Der äußere Ring muß um 2% gedehnt werden. Je größer der Unterschied ist und auf je kleinere Flächen er sich verteilt, desto größer ist die notwendige Dehnung, desto größer also auch die entstehende Spannung. Je mehr die Oberfläche gedehnt wird, desto härter wird sie auch. Die Härte der Oberfläche steigt mithin in größerem Verhältnis, als wie dem reinen Absinken des Feuchtigkeitsgehaltes entspricht. Hierdurch unterscheidet sich die Verschalung sehr wesentlich von der Untertrocknung. Wenn der Unterschied gar zu groß wird, so reißt die Oberfläche. Dauert der Zustand der Spannung zu lange, so wird die Dehnung in den äußeren Schichten dauernd. Wenn jetzt die Trocknung durch irgendwelche Maßnahmen wieder ihren regelmäßigen Verlauf nimmt, können die äußeren Lagen nicht mehr genügend schrumpfen, das Holz im Innern will aber weiter schrumpfen. Nun gerät das Holz im Innern unter Zugspannungen, indem es gewissermaßen an dem äußeren Rande festgehalten wird. Jetzt bilden sich Risse im Innern. Trocknet das Holz weiter, ohne daß die Spannung bis zur Rißbildung gegangen ist, so kann solches verschaltes Holz am Schluß ganz normal aussehen. Aber es steht in allen Teilen unter Spannung wie gegossenes Glas. Wird die Faser irgendwo getrennt, z. B. durch Aufschneiden oder Einlassen von Schlitzen, so wirft und zieht es sich. Wenn die Verschalung nicht zu schwer ist, so genügt besonders bei Nadelhölzern oft längeres Stapeln im Freien zum Ausgleich. Eiche ist jedoch fast stets dauernd entwertet.

6. Oberflächenrisse treten häufig im Zusammenhange mit Verschalen auf. Ihre Ursachen sind:

a) zu schnelles Trocknen der Oberfläche infolge zu niedriger Luftfeuchtigkeit und zu hoher Temperatur;

b) ungleichmäßiges Trocknen infolge schlechter Stapelung, ungenügender Luftzirkulation usw.;

c) Schwitzwasser, welches von der Decke oder höheren Lagen auf das Holz tropft;

d) Risse, die schon bei der Lufttrocknung entstanden sind und sich nun vergrößern.

Neben den Abhilfen, die sich von selbst ergeben, wie saubere Stapelung, Einstellung höherer relativer Feuchtigkeit usw., ist es gut, sofort kurz und mit nicht zu hoher Temperatur zu dämpfen. Das beseitigt zwar einmal entstandene Risse nicht, es verhindert aber ihre weitere Ausdehnung. Die Dampfzufuhr soll nicht weitergehen als daß die relative Feuchtigkeit auf 80—90% erhöht wird. Zu hohe Feuchtigkeit kann auch schaden, indem die Oberfläche nun zuviel Wasser aufnimmt und jetzt das Innere beim Trocknen zurückbleibt. Das gilt besonders für Holz, welches schon im Freien getrocknet ist und dessen Oberfläche vielfach hart ist und kleine Risse (Sonnenrisse) zeigt. Hier kann man schon mit 70—75% relativer Feuchtigkeit gute Wirkung erzielen. Das Dämpfen soll also mit möglichst geringem Überschuß über den dem Wassergehalt des Holzes entsprechenden Sättigungsgrad der Luft ausgeführt werden. Die schwache Wirkung solcher geringen Dämpfung muß durch entsprechende Zeit ausgeglichen werden. Bei wertvollerer Ware ist aber eine selbst 24 Stunden hindurch fortgesetzte derartige Dämpfung immer noch billiger als die sonst zu erwartenden Verluste durch Entwertung.

7. Innere Risse sind meist die Folge einer nicht rechtzeitig erkannten Verschalung oder einer zu starken Dämpfung nach einmal eingetretenem Verschalen. Man begegnet ihnen dadurch, daß man nicht überstürzt trocknet, nötigenfalls die Trocknungsdauer verlangsamt, und daß man bei Verschalen und Oberflächenrissen die Feuchtigkeit in der Kammer nur langsam steigert. Wenn das Holz einmal einen Riß in stärkerem Umfange zeigt, so kann man diesen nicht mehr beseitigen. Das Holz ist entwertet. Geringeren Schaden kann man nur verhindern, größer zu werden, indem man sofort den Trockenvorgang milder macht, die Temperatur senkt und die relative Feuchtigkeit erhöht.

8. Zusammenfallen wird gelegentlich bei leichten, stark mit Feuchtigkeit gefüllten Hölzern beobachtet, z. B. bei wassersattem Kiefern- und Fichtensplintholz. Die Oberfläche sinkt ein. Meist ist zu Anfang die Trocknung zu schnell gewesen, insbesondere die Temperatur zu hoch. Auch kann schwere Verschalung die Ursache sein. Bei Hölzern, die zum Zusammenfallen neigen, muß man also die Trocknung langsam einsetzen lassen und für möglichste Gleichmäßigkeit der Arbeit und der Umwälzung der Luft sorgen. Zusammengefallenes Holz kann man, wenn der Schaden nicht zu groß ist, langsam durch gesättigte Luft wieder anfeuchten, dann muß der Trocknungsvorgang möglichst milde von neuem wieder einsetzen.

9. Mittelbare Schädigungen des Holzes sind besonders Farbänderungen. Sie haben verschiedene Ursachen:

a) Schimmel entsteht meist durch ungenügende Umwälzung der Luft. Schimmel gedeiht nur bis zu bestimmten Temperaturen. 50 bis 60° sind hoch genug, um seine Entwicklung zu verhindern.

b) Verblauen. Die Bläue wird vom Holz meist vom Walde mitgebracht. Auch sie entwickelt sich am schnellsten bei mittleren Temperaturen von etwa 35°. Durch Verblauen gefährdetes Holz muß also möglichst schnell über diese gefährliche Temperatur herüber erwärmt werden.

c) Braune Flecke werden meist durch zu hohe Temperatur beim Trocknen hervorgerufen.

d) Rotstreifigkeit kann von zu langem Lagern im Freien oder zu heißem Dämpfen herrühren. Mitunter ist auch Rost, besonders von undichten Dampfrohren die Ursache roter Flecken.

10. Schwinden, Quellen und Reißen. Das Schwinden beim Trocknungsprozeß würde nicht so viel Sorgen machen, wenn es gleichmäßig erfolgte. Aus Kapitel II wissen wir aber schon, daß die Trocknung in den verschiedenen Richtungen verschieden ist und auch durch die Struktur beeinflußt wird. So schwindet das leichte Frühholz anders als das dichte Spätholz. Leider ist es uns bis heute noch nicht möglich, einfache Beziehungen für das Schwinden anzugeben, etwa die Schwindung in Beziehung zum Einheitsgewicht zu setzen. Wir müssen annehmen, daß auch die Inkrusten des Holzes einen starken Einfluß haben. Nur so läßt es sich z. B. erklären, daß bei gleicher Holzart zwischen

Tabelle über die Schrumpfung verschiedener Hölzer.

a, b, c vom grünen bis zum vollständig wasserfreien Zustande. (Bis zum lufttrockenen Zustande mit etwa 12—15% Wassergehalt beträgt die Schrumpfung etwa die Hälfte dieser Werte.) d, e, f, g Schrumpfung tangential[1].

	Schwindung im Volumen	Schwindung		Schwindung tangential			
		radial	tangential				
	a	b	c	d[1]	e[2]	f[3]	g[4]
Ahorn . . .	16	5	9	2,5	5	3	0,6
Birke	19	8	10	3	5,5	3,2	0,7
Buche . . .	19	6	12	3,5	6,5	3,8	0,8
Eiche . . .	20	6	10	3	5,5	3,2	0,7
Esche . . .	18	7	10	3	5,5	3,2	0,7
Hickory . .	21	9	13	4,0	7	4,2	0,9
Kastanie . .	16	5	9	2,5	5	3	0,6
Linde . . .	18	7	11	3,5	6	3,5	0,7
Pappel . . .	15	4	9	2,5	5	3	0,6
Walnuß . .	14	7	13	4,0	7	4,2	0,9
Weißbuche .	14	9	13	4,0	7	4,2	0,9
Fichte . . .	14	4	9	2,5	5	3	0,6
Kiefer . . .	14	5	9	2,5	5	3	0,6
Lärche . . .	16	5	9	2,5	5	3	0,6
Pitchpine . .	16	7	9	2,5	5	3	0,6
Tanne . . .	13	4	8	2,5	4,5	2,6	0,5

[1] Schrumpfung vom grünen Zustande bis zum lufttrockenen Zustande während des Winters, 80% relative Feuchtigkeit der Luft.

[2] Schrumpfung vom grünen Zustande bis zum lufttrockenen Zustande während des Sommers, 60% relative Feuchtigkeit der Luft.

[3] Schrumpfung vom lufttrockenen Zustande im Winter bis auf den Trockenheitsgrad bei Zentralheizung, 50% relative Feuchtigkeit.

[4] Schrumpfung vom lufttrockenen Zustande im Sommer bis auf den Trockenheitsgrad bei Zentralheizung.

Kern und Splintholz stärkere Unterschiede gefunden werden, die, soweit wir bisher sehen, ohne Beziehung zum Gewicht stehen.

Da an kalten Wintertagen die relative Feuchtigkeit der Zimmerluft bis auf 40%, ja sogar bis auf 15% herunter sinkt, so entsteht die scheinbar widersinnige Tatsache, daß in Wohnräumen während des Winters das Holz schrumpft und im Sommer quillt. In längeren Kältezeiten, wie im Januar 1928 macht sich das selbst an vorzüglich gearbeiteten jahrzehntealten Holzgegenständen empfindlich geltend. Da gute deckende Anstriche den Wasseraustausch sehr verlangsamen, so verlangsamen sie auch das Schwinden und können es, da ja auch die Verhältnisse in der Natur meist um einen Mittelwert herum pendeln, praktisch auch sehr einschränken. Man darf aber nie glauben, daß die Holzmasse in ihren Eigenschaften geändert sei und die Fähigkeit zu quellen und schrumpfen verloren haben. Auch mehrfach wiederholtes scharfes Trocknen und Wiederanfeuchten vermindert die „Hygroskopizität", die Fähigkeit der Wasseraufnahme und -abgabe, nur ganz unbedeutend.

Da die Schwindung in den verschiedenen Richtungen verschieden ist, würden stets Risse die Folge sein, wenn die Holzmasse nicht bis zu gewissem Grade nachgiebig wäre. Natürlich entstehen hierbei gewisse Spannungen, die aber, wenn die Trocknung allmählich erfolgt, Zeit haben, sich auf größere Flächen auszugleichen. Die Längsschwindung kann bei Holz vernachlässigt werden. Sie beträgt selten mehr als 1—2 mm auf 1 m. Nur wenige Hölzer, wie z. B. einige Sorten Mahagoni, schwinden auch in der Längsrichtung stärker, etwa 3—4 mm. Die Schrumpfung unterhalb des Fasersättigungspunktes ist fast genau proportional dem Wassergehalt. Nur in ganz roher Annäherung ist sie auch proportional der Dichte des Holzes. Je dichter und schwerer das Holz, desto größer häufig die Schwindung. Doch von dieser Beziehung findet man die merkwürdigsten Abweichungen. Linde z. B. mit 0,3 spezifischem Gewicht schwindet stärker als Kiefer mit 0,44 und fast ebenso stark wie Buche mit 0,55 und doppelt so stark wie Akazie mit 0,66 spezifischem Gewicht. Noch auffälliger ist der Umstand, daß z. B. bei Eukalyptus (Bluegum) das leichte Frühholz meist mehr schwindet als das dichte Spätholz.

Bei dem amerikanischen Redgum schwindet der Splint stärker als der Kern.

Wenn das Kernholz stärker schwindet als der Splint (z. B. bei Eiche, Ahorn, Kiefer und Fichte), so werden Bretter in ganzer Breite hohl. Das Schrumpfen bewirkt zum Teil auch die Haarrisse in der Oberfläche, sowohl bei künstlicher wie bei natürlicher Trocknung. Sie treten besonders in den Markstrahlen auf, wo die Bindung der Faser nicht so fest ist, daher sollte man stets die Trocknung so langsam leiten, daß die Spannungen sich verteilen können.

g) Mindestluftbedarf zur Entfernung von Wasser aus Holz bei der künstlichen Trocknung.

Menge des Wassers, welches bei voller Sättigung in einem Kubikmeter Luft bei 760 mm Luftdruck enthalten ist.

Temperatur: 0 5 10 15 20 25 30 35 40 45 50 55 60 65 70 75 80 85 90 95 100
5 7 9 13 17 23 30 40 51 66 83 104 130 161 198 243 294 353 422 503 600

Welches Gewicht an Wasser vermag 1 m³ Luft aufzunehmen bei verschiedener Temperatur und verschiedener relativer Feuchtigkeit beim Abströmen?

Es ist angenommen, daß die Luft mit 15° C und 75% relativer Feuchtigkeit einströmt und dementsprechend 10 g Wasser enthält.

Temperatur Grad C	Relative Feuchtigkeit der Abluft																		
	10	15	20	25	30	35	40	45	50	55	60	65	70	75	80	85	90	95	100
30	—	—	—	—	—	—	2	3	5	6	8	9	11	12	14	15	17	18	20
40	—	—	—	3	5	7	10	13	16	18	21	23	26	28	31	33	36	38	41
50	—	2	7	11	15	19	23	28	32	36	40	44	48	52	56	61	65	69	73
55	—	5	11	16	21	26	32	37	42	47	52	57	63	68	73	78	84	89	94
60	3	7	16	22	29	35	42	48	55	61	68	74	81	87	94	100	107	113	120
65	6	14	22	30	38	46	54	62	71	79	87	95	103	111	119	127	135	143	151
70	10	20	30	40	49	59	69	79	89	99	109	119	129	139	148	158	168	178	188
75	14	26	39	51	63	75	87	99	112	124	136	148	160	172	184	196	209	221	233
80	19	34	49	64	78	93	108	123	137	152	167	182	196	211	225	240	255	270	284
85	25	43	61	79	96	114	131	159	167	185	202	220	237	255	272	290	308	326	343
90	32	53	74	95	116	137	159	180	201	222	243	264	285	306	328	349	370	391	412
95	40	65	91	116	141	166	191	216	242	267	292	317	342	367	392	417	443	468	493
100	50	80	110	140	170	200	230	260	290	320	350	380	410	440	470	500	530	560	590

Bei der Berechnung der Tabelle ist ein Kubikmeter Kiefernholz von spezifischem Trockengewicht von 400 kg zugrunde gelegt. Die Trocknung beginnt bei einem Wassergehalt des Holzes von 100% = 400 kg. Der Luftbedarf ist ermittelt für Stufen von je 10%, bei den unteren Wassergehalten von je 5% bzw. 2,5%. Die Hauptstufen entsprechen also je 40 kg Wasser. Bei anderem spezifischem Gewicht des Holzes sind die Tabellenwerte mithin entsprechend abzuändern. Für Eiche von 600 kg Trockengewicht ist z. B. eine Menge von 10% Wasser = 60 kg. Wenn also gefragt wird, welche Luftmenge nötig ist, um den Wassergehalt eines solchen Stückes Eiche von 20% auf 15% herunterzusetzen, so ist der Luftbedarf von 220 m³ mit dem Faktor 60:40 zu multiplizieren. Die Mindestluftmenge in dieser Stufe beträgt in diesem Falle mithin 330 m³. Die Spalte a gibt den Wassergehalt des Holzes zu Beginn der Stufe an. Die Spalte b die Größe der Stufe in Prozenten, die Spalte c die bei dem Rechnungsbeispiel zu entfernende Wassermenge in dieser Stufe, Spalte d die relative Feuchtigkeit der Luft, welche mit dem Wassergehalt des Holzes am Ende der Stufe im Gleichgewicht ist, die Spalte e die relative Feuchtigkeit der Luft, welche während der betreffenden Stufe beim Trocknen Anwendung finden soll und die jeweils mit 70% des Wertes von Spalte d angenommen ist. Spalte f die Menge an Wasser, welche 1 m³ Luft aus der Kammer mit abführen kann, wenn die Luft mit 20° C und voll gesättigt (d. h. mit 10 g Wasser) die Kammer betritt und mit 60° C und einer Feuchtigkeit, die dem Wassergehalt des Holzes am Ende der Stufe (Spalte d) entspricht, die Kammer verläßt. Spalte g Wassermenge, welche 1 m³ Luft mit sich fortführen kann, wenn die Feuchtigkeit der Abluft nur 85%, von der welche mit dem Wassergehalt am Ende der Stufe im Gleichgewicht ist, betragen soll. Spalte h Luftmenge in Kubikmeter, welche unter Annahme der Werte von Spalte g nötig ist, um 1 kg Wasser in der betreffenden Stufe aus dem Holz zu beseitigen. Spalte i Luftmenge in Kubikmeter, welche nötig ist, um die gesamte Wassermenge in der betreffenden Stufe aus dem Holz zu entfernen. Spalte k Luftmenge, die bei reiner Durchführung der Luft ohne Umwälzung nötig ist, um die Wassermenge der betreffenden Stufe aus dem Holz zu entfernen.

Bei Umluftverfahren, bei welchen also die feuchte, warme Abluft zum Teil wieder verwandt wird, sind die Werte der Spalte i als Mindestwerte anzunehmen. Wenn die Abluft unmittelbar ins Freie tritt und nicht wieder verwandt wird, so ist mindestens die dreifache Luftmenge, d. h. die Werte der Spalte k notwendig. Es sei etwa die Mindestmenge an Luft zu ermitteln, welche zum Trocknen von 1 m³ Buchenholz von 40% auf 10% herunter bei Umlufttrocknung notwendig ist. Die Werte der Spalte i von 40 bis 10 sind zu addieren. Sie ergeben 1850 m³. Das spezifische Trockengewicht des Buchenholzes betrage 550 kg. Der gesamte Wert ist also mit 550:400 zu multiplizieren. Der Luftbedarf ist mithin 2544 m³.

a	b	c	d	e	f	g	h	i	k
100	10	40	100	70	120	100	10	400	1200
90	10	40	100	70	120	100	10	400	1200
80	10	40	100	70	120	100	10	400	1200
70	10	40	100	70	120	100	10	400	1200
60	10	40	100	70	120	100	10	400	1200
50	10	40	100	70	120	100	10	400	1200
40	10	40	100	70	120	100	10	400	1200
30	5	20	100	70	120	100	10	200	600
25	5	20	92	64	110	92	11	220	700
20	5	20	78	55	91	76	13	260	800
15	5	20	67	47	77	64	15,5	310	900
10	2,5	10	50	35	55	45	22	220	700
7,5	2,5	10	32	22	32	26	38	380	1100

h) Wärmewirtschaft[1].

Für die Wirtschaftlichkeit der künstlichen Trocknung ist in erster Linie die Wärmewirtschaft maßgebend. Die Kraft zur Bedienung der

[1] Landsberg, Fl.: Wärmewirtschaft im Eisenbahnwesen. 1929.

Pumpen, Gebläse usw. kann in der Regel ganz vernachlässigt werden. Der Mindestverbrauch an Wärme ist durch die Verdampfung des Wassers gegeben. Diese kann aber schon durch gewöhnliche kalte Luft bewirkt werden und wird dann als Verdunstung bezeichnet. Aber das erfordert die Umwälzung so großer Mengen, daß der Gewinn durch Ersparung der Erwärmung mehrfach wieder aufgezehrt werden würde. Folgendes Beispiel wird das klarmachen: 10 m³ zöllige Kiefernbohlen vom spezifischen Gewicht 0,5, mit 50% Wasser, sollen auf 10% herunter getrocknet werden. Es sind also 2000 kg Wasser zu entfernen. Die Luft habe 70% relative Feuchtigkeit, welche gerade mit 10% Wasser im Holz im Gleichgewicht stehen. Die Temperatur sei 20°. 1 m³ Luft hat hierbei ein Sättigungsmanko von 5 g. Da von 26% Wassergehalt des Holzes bis auf 10% herunter die Aufnahmefähigkeit der Luft bis auf 0 heruntersinkt, so können wir nur von 50% Wassergehalt des Holzes bis auf 26% herunter mit voller Ausnutzung des Sättigungsmankos rechnen, darunter nur mit halber Ausnutzung. Wir brauchen also zur Entfernung der ersten 1200 kg Wasser 240 000 m³ Luft, für die restlichen 800 kg 320 000 m³, zusammen 560 000 m³ Luft. Bei einer Trockendauer von zwei Tagen muß das Gebläse in der Stunde 11 670 m³ fördern. Damit die Luft sich beim Durchströmen durch die Kammer völlig sättigen und ihre Wasseraufnahmefähigkeit voll ausnutzen kann, muß sie mindestens zwanzigmal in der Kammer umgewälzt werden. Das erfordert ein Gebläse von rund 20 PS und beansprucht 200 kg Dampf für die Stunde oder insgesamt 9600 kg Dampf. Für jedes Kilo Wasser, das aus dem Holze entfernt wird, sind also rund 4,8 kg Dampf notwendig. Wird dagegen die relative Feuchtigkeit der Trockenluft jeweils dem Feuchtigkeitsgrade des Trockengutes angepaßt und die Temperatur in der Kammer hochgehalten, so wird die Wärmewirtschaft sehr viel günstiger. Als Beispiel seien wieder 10 m³ zölliger Kiefernbohlen von 0,5 spezifischem Gewicht gegeben, welche von 70% auf 20% herunter getrocknet werden sollen. Es sind also 2500 kg Wasser zu entfernen. Zum Verdunsten oder Verdampfen von 1 kg Wasser benötigt man rund 600 WE. Dazu kommen rund 80 WE zum Trennen von Holz und Wasser. Die Außentemperatur sei 20%, die Trockentemperatur 60°. Auf diese muß die Trockenluft angewärmt werden. Bei einer relativen Feuchtigkeit der Frischluft von 70% und der Abluft von 85% kann 1 m³ Luft 100 g Wasser entfernen. Wir brauchen also für die 2200 kg freies Wasser (Trocknung von 70% auf 26% herunter) $2200 \cdot 10 = 22000$ m³ Luft, für den Rest von 300 kg Wasser $300 \cdot 11 = 3300$ m³ Luft, zusammen etwa 25 300 m³ Luft. (Die Rechnung mit Hilfe der Tabelle S. 93 gibt 25 700 m³.) Deren Erwärmung von 20° auf 60° erfordert rund 320 000 WE oder für 1 kg abzuführendes Wasser 128 WE. Wir brauchen also für 1 kg Wasser mindestens $600 + 80 + 128 = 808$ WE. Zum Vergleich sei erwähnt, daß bei Vakuum von 25% nur $600 + 80 = 680$ WE für das Verdampfen erforderlich sind, daß aber 60 m³ Luft bzw. Gas bewegt werden müssen. Das Anwärmen des Holzes, dessen spezifische Wärme etwa 0,6 ist, erfordert pro Kubikmeter $500 \cdot 0,6 \cdot 10 = 12000$ WE, das des Wassers im Holz $350 \cdot 1 \cdot 40 = 14000$ WE, zusammen 26000 WE oder auf 1 kg zu beseitigendes Wasser $\frac{26000}{250} = 104$ WE. Es fehlt nun noch der Verlust an Wärme in den Bauten, Apparaten usw. Für eine Kammer, die den 10 m³ unseres Beispieles entsprechend rund 40 m³ Gesamtraum hat, kann der Wärmeverlust im Sommer durch die Wände mit etwa 10000 WE pro Stunde veranschlagt werden. Wenn die Gesamttrockendauer 27 Stunden ist, so macht das für 1 kg Wasser $10000 \cdot 27 : 2500 = 108$ WE. Zum Anwärmen der Wagen usw. sind etwa $2000 \cdot 0,3 \cdot 40 = 24000$ WE, zum Anwärmen der Kammer (wenn angenommen wird, daß sie von der letzten Beschickung noch Wärme hat) etwa 200000 WE, zusammen 224000 oder auf 1 kg Wasser 90 WE nötig. Der Gesamtbedarf ist also $600 + 80 + 128 + 104 + 108 + 90 = 1100$ WE. Der Dampfverbrauch für 1 kg zu beseitigenden Wassers ist also mindestens 1,9 kg, d. i. ein Drittel dessen für gewöhnliche kalte Luft.

Als zweites Beispiel sei gegeben eine Trocknung von 1 Zoll starken Eichenbrettern von 50% Wasser auf 6%.

Außentemperatur 20°, Trockentemperatur 60°, Trockendauer 160 Stdn., spezifisches Gewicht des absolut trockenen Holzes 0,6, Menge 20 m³, zu beseitigendes Wasser 44% $= 20 \cdot 600 \cdot 0,44 = 5280$ kg. Zum Verdampfen von ein Kilo Wasser rund . . . . 600 WE
Zur Sprengung der Bindung . . . . 80 „
Benötigte Luftmenge für 1 kg Wasser rund 11,1 m³ Luft, diese von 20 auf 60° anwärmen . . . . 140 „
Anwärmen des Holzes von 20° auf 60° für 1 m³ $600 \cdot 0,6 \cdot 40$
$= 14400$ WE
Anwärmen des Wassers im Holz für 1 m³ $600 \cdot 1,0 \cdot 40 \cdot 0,50$
$= 12000$ „
Zusammen 26400 WE

oder für 1 kg zu beseitigendes Wasser $26400 : 264$ . . . . 100 „
Zum Anwärmen der Apparate, Wagen usw. insgesamt $4000 \cdot 0,30 \cdot 40 = 48000$ WE.
Zum Anwärmen der Kammer (ein halb von 50 m³ Mauerwerk, da sie meist noch warm sind) 400000 WE, das sind für 1 kg Wasser $\frac{448000}{5280}$ 87 „
Der stündliche Wärmeverlust durch die Wände ist etwa 10000 WE, also in 160 Stunden 1600000 WE, das sind für 1 kg Wasser . . . . . 303 „
Zusammen also 1310 WE

Also für 1 kg Wasser sind 2,2 kg Dampf zuzuführen.

Nach praktischen Erfahrungen usw benötigt man zwischen 1,7 und 2,5 kg Dampf. Für schwer zu trocknende Hölzer, wie Eiche, für die

Trocknung bis über 10% hinunter usw. erhält man natürlich größere Werte. Nicht nur muß entsprechend mehr Luft zugeführt werden, sondern auch die Wärmeverluste der Wände machen sich stärker geltend, da die Trocknung für gleiche Wassermengen viel länger dauert. Tiemann gibt für Eiche 3—3,5 kg Dampf an. Sehr viel Wärme braucht man im Winter, wenn das Holz gefroren ist. Für eine Außentemperatur von $-10°$ sind bei dem ersten Beispiel noch folgende Zuschläge zu machen: 10 m³ Holz sind bis auf die Anfangstemperatur unseres Beispiels auf $+20°$ zu erwärmen. Hierfür sind nötig:

$22360 \cdot 1,5 \cdot 30 \cdot 0,24$ zum Anwärmen der Luft von -10 auf $+20° = 240000$ WE
$5000 \cdot 0,4 \cdot 30$ zum Anwärmen des Holzes von -10 auf $+20°$ . . $= 60000$,,
$3500 \cdot 1 \cdot 20$ zum Anwärmen des Wassers von 0 auf $20°$ . . . . $= 70000$,,
$3500 \cdot 0,5 \cdot 10$ zum Anwärmen des Eises von -10 auf $0°$ . . . $= 17500$,,
$3500 \cdot 80$ zum Schmelzen des Eises . . . . $= 270000$,,
$\overline{657500 \text{ WE}}$

Das macht also für jedes der 2500 kg Wasser wiederum ein Mehr von 263 WE (ohne den Mehraufwand zum Erwärmen der Apparate usw. zu berücksichtigen), entsprechend etwa $^{1}/_{2}$ kg Dampf. Diese Beispiele sind nur ganz roh gerechnet. Sie werden aber genügende Anhaltspunkte geben, um die Wärmewirtschaft bestehender Anlagen zu kontrollieren und den voraussichtlichen Wärmebedarf für bestimmte Arbeiten einzuschätzen.

i) Allgemeine Betriebsregeln.

1. Niemals soll man im Betriebe, um schnell zu arbeiten, die Erzeugung guter Ware vernachlässigen. Dagegen soll man die Beschleunigung der Arbeit durch sorgfältige Betriebsführung erzielen.

2. Die Beschickung sei gleichmäßig, sonst hält das langsamer trocknende Holz das schneller trocknende auf.

3. Man stapele nur Hölzer mit annähernd gleichem Trockenheitsgrad zusammen.

4. Man vermeide Schalhartwerden. Verschaltes Holz verzögert den Betrieb.

5. Der Trockeningenieur oder Trockenmeister prüfe vor der Beschickung den Feuchtigkeitsgehalt des Holzes und wähle danach den Trocknungsverlauf.

6. Temperatur und Feuchtigkeit sollen nur auf Grund der Eigenschaften des Holzes eingestellt werden, nicht nach einer ein für allemal festen Regel.

7. Der Meister unterrichte sich darüber, welcher Endtrockenheitsgrad verlangt wird. Danach bestimme er die Gesamttrockenzeit und den Trocknungsverlauf.

8. Die Anlage arbeite möglichst ununterbrochen. Man vermeide vor

allem nachts Absinken der relativen Feuchtigkeit und Steigen der Temperatur.

9. Man trockne möglichst nur gleiche Holzarten und Stärken zusammen.

10. Bei Beobachtung von Verschalen oder Oberflächenrissen erhöhe man sofort in angemessenen Grenzen die relative Feuchtigkeit der Trockenluft.

11. Man stopfe die Kammer nicht bis auf den letzten Winkel voll, sondern sorge für möglichst gleichmäßige und gute Zirkulation der Luft.

12. Man gebe zu Anfang nicht zuviel Wärme oder zu große Trockenheit. Man fange langsam an und arbeite in möglichst gleichmäßigen Stufen weiter.

13. Bei Feuer gebe man soviel wie möglich Frischdampf in die Kammer.

XI. Die künstliche Trocknung in Industrie und Handel.

Vorteile der künstlichen Trocknung sind:

1. Der Trocknungsprozeß geht so schnell vor sich, daß die Zone des Verblauens und der Lagerfäule verhältnismäßig schnell durchschritten wird, so daß das Holz gesund bleibt.

2. Man kann dem Holz leicht den Trockenheitsgrad geben, der für bestimmte Verwendungszwecke am besten ist. Als solche Trocknungsgrade sind bei uns etwa üblich für Bauholz 12—15%, Möbelholz 6—10%, Verladetrockenheit 15—20%, Werkzeuge und dergleichen 10—12%, Wagnerholz 15—18%.

3. Da man das Holz in kürzerer Zeit verwendungsfähig bekommt, braucht man sich nicht für lange Zeit einzudecken. Das vermindert sowohl das investierte Kapital wie auch das Risiko bei Konjunkturschwankungen.

4. Bei Versendung werden Frachten gespart und die Ausnutzung der Waggons steigt.

Mißgriffe bei künstlicher Trocknung, insbesondere die oft festzustellende Forcierung und Übertrocknung und damit verbundenes Reißen und Verschalen, haben vielfach Mißtrauen gegen das künstlich getrocknete Holz hervorgerufen. Bemerkenswerterweise sind die Vorwürfe gegen das künstlich getrocknete Holz dieselben, die von seinen Anhängern gewöhnlich dem naturgetrockneten Holz gemacht werden. Das sollte uns veranlassen, uns bei künstlicher Trocknung größter Sorgfalt zu befleißigen. Gut künstlich getrocknetes Holz steht natürlich getrocknetem in keiner Weise nach. Vielfach entwickelt sogar das Holz seine guten Eigenschaften erst bei künstlicher Trocknung am besten.

Handelsusancen haben sich für die künstliche Trocknung bisher bei uns noch nicht herausgebildet. In Nordamerika sind solche in den Regeln verschiedener größerer Verbände (Southern Pine Association, Hardwood Association) enthalten. Hier werden besonders für die verschiedenen Holzsortimente genaue Angaben über den zulässigen Wassergehalt gemacht. Es wäre dringend zu wünschen, daß die künstliche Trocknung bald Eingang in die Usancen und Normen findet, und daß dann etwa Handelssortimente aufgestellt werden, derart wie: Hobeldielen, 10 bis 12 cm breit, 20 mm stark, Kiefer 8—10% Wassergehalt, wobei etwa vorausgesetzt wird, daß diese Ware bei nicht mehr als 80° C getrocknet sein darf und daß Schalhärte, Trockenrisse usw. in genau gegebenen Grenzen zugelassen bzw. ausgeschlossen sind.

Die Wirtschaftlichkeit. Das ist ein Abschnitt, der keinesfalls für volle Wahrheit genommen werden sollte. Solche Wirtschaftsrechnungen werden stets mit dem Ziel gemacht, zu beweisen, daß das, was man hervorheben möchte, besonders günstig ist. Sie beruhen auf Annahmen, die in sehr weiten Grenzen schwanken. Auch die folgende Wirtschaftsrechnung, die sich an Hufnagl[1] anlehnt, sollte also unter diesem Gesichtspunkte betrachtet werden. Eine Trockenanlage für 100 m³ Holz kostet heute etwa 50000 RM. Es sei zölliges Kiefernholz angenommen, das bei ununterbrochenem Betriebe zwei Tage zum Trocknen erfordert, bei täglich achtstündiger Arbeitszeit dagegen etwa 6 Tage, so daß unter Berücksichtigung des Sonntags eine Beschickung eine Woche dauert. Das gibt für den zweiten Fall eine jährliche Leistung von rund 5000 m³. Amortisation und Verzinsung seien mit zusammen 18% angenommen.

Pro Kubikmeter	1,80 RM.
Stapelkosten in der Kammer	1,50 „
Frischdampf und Kraft	1,70 „
Bedienung	0,50 „
Soziale Lasten, Steuern usw.	1,00 „
Allgemeine Unkosten	0,50 „
	7,00 RM.

Bei einem Preis der Ware von 70 RM. macht das also rund 10%. Bei natürlicher Trocknung muß man mindestens sechs Monate lagern. Das bedeutet bei

10% Zinsen im Jahre für den m³	3,50 RM.
Stapelungsarbeiten	1,50 „
Versicherung	0,70 „
Allgemeine Kosten, soziale Lasten usw. . . .	1,30 „
	7,00 RM.

---

[1] Hufnagl, L.: Handbuch der kaufmännischen Holzverwertung und des Holzhandels. Bd 2. 1929.

Allgemeine Betriebsregeln. 99

Mindestens ist der Kostenunterschied nicht groß. Der Vorteil der künstlichen Trocknung liegt aber darin, daß das Risiko des großen Lagers fortfällt und das Kapital disponibel wird.

Firma *Schulze, Potsdam*	AWF-Trocknungs-Protokoll[1]	Nummer 25
Holz	Trocknung	
Art: *Fichte* Sortiment: *Bretter* Abmessungen: *25 mm* Kammerfüllung: *voll* Bemerkungen: *Frischer Einschnitt, waldtrocken*	Kammer b Beginn der Einstapelung *11.3.* 8^{00} Ende ,, ,, 8^{30} Beginn der Trocknung 9^{00} Ende ,, ,, Beginn des Ausbringens Ende ,, ,,	

Holzproben vor Trocknung				
Gewicht { naß	63,5	60	74	g
Gewicht { trocken	50	48	60	g
Wassergehalt bei Beginn	27	25	23	%

Holzproben zur Kontrolle				
Gewicht bei { Beginn	76	87,5	100	g
Gewicht bei { Ende	67	78,4	90	g
Gewicht bei { trocken	60	70	80	g
Wassergehalt bei Ende	*11,5*	12	12,5	%

Trocknungsvorschrift
verlangter Trocknungsgrad 12%
Dauer 2 Std.   Dauer 24 Std.
Dämpfen, Feuchtigkeit 95%   Trocknen, Feuchtigkeit 66—44%
Temperatur 65°C   Temperatur 65°C

Tag	Zeit	Meßstelle a			Meßstelle b			Einstellung			Gew. d. Kontrollstck.			Bemerkungen
		T trock.	T naß	F rel.	T trock.	T naß	F rel.	Gebl. Vent.	Fr.Lft. Klappe	Fr. Dampf				
11.3.	9^{00}	35	dämpfen		36	dämpfen		1	0	4	76,2	87,5	100	
	10^{00}	50	45	75	50	44	72	1	0	4				
	11^{00}	64	61	98	63	60	95	1	0	4				
	12^{00}	66	64	96	66	63	98	1	1	0	76,4	87,2	99,2	
	14^{00}	65	56	64	66	58	66	3	2	0				
	16^{00}	67	59	62	65	56	63	3	1	0				
	18^{00}	64	51	60	63	53	60	4	1	0				
	24^{00}	62	49	52	63	51	54	4	1	1				
12.3.	6^{00}	60	45	46	61	46	45	4	2	0				
	12^{00}	61	45	42	61	45	43	4	2	0				

[1] Auf Anregung des Ausschusses für wirtschaftliche Fertigung beim Reichskuratorium in Berlin vom Verfasser entworfen.

Sachverzeichnis.

Ahorn 73, 81.
Altern 12.
Anstreichen 84.
Äste 24, 85.
Atmungstrockner 60.
Aufsatz 51.
Auslaugen 27.
Bandtrockner 59.
Bauholz 29.
Betonbau 61.
Birke 81.
Buche 11, 73, 76, 80, 86, 93.

Dampf 66.
Dämpfen 27, 73.
Dampfverbrauch 95.
Darre 33.
Dauer der Trocknung 41.
Diffusion 18, 20.
Diffusionsgeschwindigkeit 41, 78.
Drehwüchsigkeit 24.
Dunkeln 12.

Eiche 73, 76, 81, 95.
Eisenbahnschwellen 28.
Elektrische Messung 26.
Elektrische Trocknung 34.
Exponentialgesetz 16, 22.

Faserrichtung 11.
Fasersättigungspunkt 21, 78.
Fäulnis 13.
Fernschreiber 68.
Festigkeit 13.
Feuchtigkeitsgefälle 21, 42.
Feuchtigkeitsleitung 15.
Fichte 80.
Flügelventilator 65.
Fouriers Gesetz 21.
Frachten 12.
Freies Wasser 5, 8.
Frühholz 7, 8, 9.

Gebläse 15.
Gebundenes Wasser 5, 8.
Gefäße im Holz 9, 22.
Gefrorenes Holz 96.
Grubenholz 28.

Harz 24, 76.
Harzgänge 9.
Hausschwamm 13.
Heizschlangen 51.
Holzarten: Tabelle Schwinden 90.
Holzarten: Tabelle Trockendauer 82.
Holzgummi 3.
Hygroskopizität 15.

Innere Oberfläche 5.
Insekten 28.
Irreversibilität 5, 10, 12.

Jahresringe 7.
Jalousien 51.

Kammer 47.
Kanal 45.
Kernholz 20.
Kernstoffe 7, 8.
Kiefer 76, 80, 94.
Kolloide 3.
Kompression 18.
Kondensator 51, 66.
Kreuzstapel 29.
Kropfmaser 11.

Laubholz 9.
Lebendes Holz 6.
Leitungsbahnen 7, 18.
Lignin 3.
Linde 73.
Luftbedarf (Tabelle) 93.
Luftbewegung 50, 65.
Lufttrockenheit 27.
Luftumwälzung 51, 58.

Mahagoni 73, 76.
Markstrahlen 1.
Mizelle 5, 6.
Mumienholz 12.
Musikinstrumente 11.

Nadelholz 9.
Nonnenholz 28.

Oberflächenkräfte 18.
Oregonpine 80.

Papierholz 29.
Patente 33.
Pitchpine 81.
Pletzen 28.
Pockholz 11.
Poren 9.
Psychrometer 67, 68.
Psychrometer (Tabelle) 69.

Quellung 10, 13, 90.
Querumwälzung 57.

Rapidtrocknung 43.
Räuchern 33, 35.
Reifen 12.
Reißen 24, 85, 88, 89, 90.
Relative Feuchtigkeit 78.
Reversibilität 4.
Ringeln 28.
Rollbock 62.
Rollenlager 62.
Rollentrockner 60.
Röntgendiagramm 3.

Saft 3.
Saftleitung 8.
Saugluft 56.
Schimmel 89.
Schmauchkammer 48.
Schmorkammer 35, 48.
Schornsteinhöhe 51, 64.
Schwindung 90.
Schwindungstabelle 90.
Sommerschlag 29.
Spannungen 88.
Spätholz 7, 8, 9.
Spiegel 11.
Spreitzen 71.
Stapel 30.
Stapelung 70.
Stapelung, schräge 72.
Stapelung, senkrechte 72.
Stärke 4.
Stirnabdeckung 86.

Teilungsgesetz 19.
Thermometer 67.
Transfusion 19.
Trockenkurve 77.
Trocknungsdauer 42, 43, 78, 79, 82.

Sachverzeichnis.

Tüpfelporen 20.

Überhitzter Dampf 37.

Umluftzellengebläse 57.
Umwälzverfahren 44.
Unterlagen 29.
Usanzen 98.

Vakuumtrocknung 36, 40.
Verblauen 12, 89.
Verdampfen 22.
Verdunsten 20.

Vergrauen 31.
Verkernung 7.
Verladetrocken 31.
Verschalen 23, 42, 75.
Verziehen 85.
Vulkanisieren 34.

Waage 25.
Walnuß 73, 81.
Wärmeeinheiten 22.
Wärmeverluste 61.
Wassergehalt der Luft (Tabelle) 92.
Werfen 23, 85.

Windmesser 67.
Wirtschaftlichkeit 98.
Wurmmehl 31.

Xylolprobe 25.

Zelle 6, 7, 8.
Zellulose 3, 11.
Zersetzung des Holzes 23.
Ziegelmauerwerk 61.
Zucker 4.
Zug, künstlicher 58.
Zug, natürlicher 58.
Zwischenlagen 31.

Berichtigung.

Auf Seite 56 unter Abschnitt „10. Kammer mit Luftumwälzung" muß es heißen: „Bei den besseren Ausführungen von Schultz, Daqua und Kiefer..." statt: „Bei den besseren Ausführungen wie Schultz und Kiefer...".

If you have any concerns about our products,
you can contact us on
ProductSafety@springernature.com

In case Publisher is established outside the EU,
the EU authorized representative is:
**Springer Nature Customer Service Center GmbH
Europaplatz 3, 69115 Heidelberg, Germany**

Printed by Libri Plureos GmbH
in Hamburg, Germany